跳出思维陷阱

麻省理工计算机博士的 7 堂思考课

刘炯朗　著

浙江人民出版社

图书在版编目（CIP）数据

跳出思维陷阱：麻省理工计算机博士的7堂思考课 / 刘炯朗著. -- 杭州：浙江人民出版社, 2020.7
ISBN 978-7-213-09670-9

Ⅰ. ①跳… Ⅱ. ①刘… Ⅲ. ①思维方法-通俗读物 Ⅳ. ①B80-49

中国版本图书馆CIP数据核字（2020）第035552号

浙江省版权局
著作权合同登记章
图字：11-2019-279号

跳出思维陷阱：麻省理工计算机博士的7堂思考课

刘炯朗 著

出版发行：浙江人民出版社（杭州市体育场路 347 号 邮编：310006）
市场部电话：（0571）85061682 85176516
责任编辑：王 燕
营销编辑：陈雯怡 陈芊如
责任校对：戴文英
责任印务：聂绪东
封面设计：观止堂_未氓 孔舒琴
印 刷：北京毅峰迅捷印刷有限公司
电脑制版：北京唐人佳悦文化传播有限公司
开 本：880 毫米 ×1230 毫米 1/32 印 张：7.5
字 数：180 千字 插 页：1
版 次：2020 年 7 月第 1 版 印 次：2020 年 7 月第 1 次印刷
书 号：ISBN 978-7-213-09670-9
定 价：49.80 元

如发现印装质量问题，影响阅读，请与市场部联系调换。

自序

面包师傅的一打

英文有一句谚语“The baker’s dozen”（面包师傅的一打），先从“a dozen”（一打）说起，一打是指一组12个对象，在统计数量时，以“12”为一个单位。人们在日常生活中普遍使用十二进制。关于它的来源，还有一个说法：数数时，人们会用大拇指来数其他手指上的骨节，每根手指3节，因此一共有12节。黄道带分成十二星座，中国传统历法里也讲十二生肖——12可真是一个奇妙的数字。不过“面包师傅的一打”却是指一组13个对象，这个说法有个有趣的源头。从古时候开始，面包就是西方人生活中最重要的食物，因此，面包师傅出售减料的面包，是非常严重的违法行为。在埃及，对减料的面包师傅的惩罚是把耳朵钉在店门上；在巴比伦，其惩罚是砍断一只手。英国国王亨利三世曾立下严格的律法，规定每个面包的重量。但是，制作面包时，因为经过发酵、烘焙等，面包师傅往往无法精准地掌控面包的重量。为了避免“无心之失”带来“钉耳断手”的后果，当顾客买一打面包时，面包师傅就干脆给顾客13个！这倒真是宁“过”，不愿“不及”。

这和本书又有什么关系呢？我从 2005 年开始在新竹的 IC 之音广播电台主持名为“我爱谈天你爱笑”的节目，内容已经先后整理、出版成 12 本书，这本是第 13 本，因此正好凑成“面包师傅的一打”。

本书和这个系列中的其他书一样，内容是我觉得有趣的事物。经过探索、思考和消化，我用简单的语言叙述出来，分享给大家。也许它的完整性和深度不够，不过我的目的是引起大家的好奇心，从而去探索更多有关或无关的事物。最后，分享美国微软公司 CEO 纳德拉（Satya Nadella）说过的一句话：“我们不需要什么都知道，但是我们需要什么都学。”（Don't be a know-it-all，be a learn-it-all.）

目录 CONTENTS

第 *1* 堂

聪明的人更诚实

聪明，是创新能力的基础。诚实，是许多聪明人具有的人格特质。认清自己的人格特质，就能找到提高创新能力的好办法。

创新能力、聪明、诚实

某公司人力资源部主任亲自面试了几十个来求职的大学生后，向总经理极力推荐其中一个，说这个年轻人聪明、诚实，有创新能力。总经理听了很高兴，的确，聪明、诚实、有创新能力都是很好的人格特质。不过，他心存疑惑，请教人力资源部主任："第一，到底该怎样定义'聪明、诚实和有创新能力'这些人格特质呢？第二，怎样判断他有这些人格特质呢？第三，这些人格特质是各自独立的吗？它们是相辅相成的，还是相互抵触的？"总经理真不愧是总经理，这几个问题都可说是大哉问①。心理学家、行为科学家、认知科学家、教育学家都先后提出过相似但不尽一致的说法。

人力资源部主任不慌不忙地说："让我先讲几个古老的、大家都很熟悉的例子。"

孔融出生在东汉末年，是孔子的第 20 世孙。10 岁时，他陪着父亲到长辈家中做客，大家都夸他聪明伶俐。有一位迟到的客人，算是个不大不小的官，听到大家对孔融的赞赏，有点

① 语出《论语·八佾篇第三》："林放问礼之本。子曰：'大哉问！礼，与其奢也，宁俭；丧，与其易也，宁戚。'"大哉问，指意义重大的问题。

不以为然地说："小时了了，大未必佳。"意思是孩子小时候聪明伶俐，长大了不一定有什么出息。孔融的回应则是"想君小时，必当了了"，意思是"那么您小的时候一定非常聪明伶俐"。

王戎是魏晋时期的"竹林七贤"之一，他小时候和朋友出去玩，看到路边的李子树结了很多李子，小朋友们争先恐后地去采摘，王戎却不为所动。有人问为什么，他说："这株李子树长在路旁，竟然还有那么多李子，这些李子肯定是苦的。"结果他是对的。

杨修是曹操手下管理文书的官员。有一次工人正在为曹操修建相国府大门，曹操亲自来视察，看完之后，叫人在大门上写了一个"活"字就离开了。大家都不懂曹操的意思，杨修却立刻叫人把门拆了，重新修建。他说："门里头加个'活'字就是'阔'字，丞相是嫌门太大了。"

以上都是有关聪明的例子。

司马光是北宋著名文学家和政治家。他小时候和小朋友在后院里玩，院子里有个大水缸，一个小朋友爬到缸沿上玩，不小心掉到缸里去了，缸大水深，一下子也找不到大人求救。司马光从地上捡起一块大石头，使劲把水缸砸破，缸里的水都流了出来，小朋友的命也就保住了。

曹冲是曹操的儿子。孙权送了一头大象过来，曹操想知道大象的重量，但他的部下都想不出用什么办法来称大象。曹冲说："把大象放在船上，在水面所达到的地方做上记号，把大象从船上牵下来，再把石头一块一块地放在船上，直到水面也达到那个记号处，最后称一下石头的重量，就是大象的重量了。"

叙拉古国王吩咐工匠为他打造一顶纯金的皇冠。皇冠做好之后，国王疑心工匠私吞了部分黄金，用银来代替。可是皇冠的重量的确和国王交给工匠的黄金的重量相同。要确定皇冠里是不是含有银，取决于皇冠的总体积，因为掺了银的皇冠总体积会比同样重量的黄金体积要大（银的密度比黄金小）。可是怎样测量皇冠的总体积呢？国王将这一问题交给阿基米德解决。有一天，阿基米德在家洗澡，当他坐进浴盆里时，看到浴盆里的水往外溢，往外溢的水的体积，正等于他身体浸在浴盆水里那部分的体积，因此他想到一个办法：把皇冠浸在水盆里，溢出来的水的体积也就是皇冠的体积。

以上都是有关创新能力的例子。

乔治·华盛顿是美国第一任总统。小时候，爸爸给了他一把小斧头，他拿着斧头在院子里东砍西砍，把爸爸心爱的樱桃树砍倒了。爸爸发现了，就问小华盛顿是谁把樱桃树砍倒了，小华盛顿说："爸爸，是我，我知道自己不能撒谎。"

晏殊是北宋著名文学家、政治家。他5岁时就有"神童"之称，经由江南巡抚推荐，14岁时和数千名考生同时参加殿试。晏殊看到考试题目，说道："这首赋，我在10天前已经做过，请皇上另出试题。"晏殊后来在宋仁宗时当上了宰相。

在山上牧羊的牧童，因为无聊和恶作剧的心态，大叫"狼来了"，骗山下的村民们赶到山上去救他。待大家匆匆赶到，他却拍手哈哈大笑。等到狼真的来了，他叫多少次"狼来了"，大家都不再理会他了。

以上则是有关诚实或不诚实的例子。

总经理夸奖主任说："这些都是很生动的例子，但是科学地说，实例可以用来阐述，却不能从中得出抽象概念。"

人格特质与智能

我们先讲人格特质。人格特质是指在组成人格的因素中，能引发人们行为和主动引导人的行为，并使个人面对不同种类的刺激都能做出相同反应的心理结构。不同的人有不同的人格特质，人格特质一方面具有持续性和稳定性，另一方面也会经由学习和生活经验而发生改变。除了聪明、诚实、有创新能力之外，我们常讲的还有外向、无趣、自私、勤奋、负责、随和、神经质（情绪不稳定）等。人格特质的分类是心理学一个重要的研究领域，不同的学者、专家有不同的观点和理论。

接下来讲什么是智能。一如我们可以想象的，学者、专家对此也有不同的说法，心理学家斯滕伯格（Robert. J. Sternberg）曾说："你问多少个学者、专家，就有多少种不同的答案。"不过，把这些答案整合，我们可以说："智能是根据记忆、知识和经验，通过了解、推理、想象和判断，来解决问题和适应新环境的能力。"

因此，智能行为就是智能外在的呈现。什么是智能行为？在许多不同的说法中，美国著名发展心理学家加德纳（Howard Gardner），通过研究脑部受创伤的病人，发现了他们在学习能力上的差异，因而在 1983 年提出多元智能理论。他认为人类的智能可以分成八个范畴：

1. 语言的智能：听、说、读和写的能力。表现为能够流畅、清晰地描述事件、表达思想，擅长和别人交流，喜欢阅读、讨论和写作。

2. 音乐和节奏的智能：感受、辨别、记忆、改变和表达音乐的能力。表现为对节奏、音调、音色和旋律等的敏感，以及演奏乐器和歌唱的能力。

3. 逻辑和数学的智能：运算和推理的能力。表现为对事物间的各种关系（如对比、因果和逻辑等关系）的敏感，以及通过数学运算和逻辑推理等进行思维的能力。喜欢提出问题，并做实验以寻求答案，对可以被测量、归类、分析的事物比较容易接受。

4. 视觉和空间的智能：感受、辨别、记忆和改变物体的空间关系，并借此表达思想和感情的能力。表现为对线条、形状、结构、色彩和空间关系的敏感，以及通过平面图形和立体造型把它们表现出来的能力。空间的智能可以分为形象空间和抽象空间的智能，前者指向艺术家，后者指向几何学家，两者兼具的是建筑学家。

5. 运动的智能：运用四肢和身躯的能力。表现为能够较好地控制自己的身体，对事件能够做出适当的身体反应，善用肢体语言来表达思想和情感，很难长时间坐着不动，喜欢动手做东西，喜欢户外活动等。

6. 自知和内省的智能：认识、洞察和反省自身的能力。表现为能够正确地认识和评估自身的情绪、动机、欲望、个性、意志，并在正确的自我意识和自我评价的基础上，形成自尊、自律、自制的能力。爱静思和独处。

7. 人际的智能： 与人相处和交往的能力。表现为觉察他人的情绪、情感和意图，并做出适宜反应的能力。喜欢参加团体性质的活动、愿意找人帮忙，通常是团体中的领导者。

8. 自然观察的智能： 辨别环境（不仅是自然环境，还包括人造环境）的特征，并加以分类和利用的能力。在打猎、耕作等生活事务上的表现比较突出。①

当然，加德纳的理论也有不足之处，其中之一就是这些能力相互关联而不是一一独立的。

① 2016 年，加德纳还认为“教学和传递知识的智能”可以被考虑作为人类智能的第九个范畴。

智能的测量

怎样才能测量一个人的智能呢？这将把我们带入一个重要的心理学研究领域——测量心理学（Psychometrics，亦称心理计量学或心理测量学）。在测量心理学里，心理学家依据理论和模型，设计并使用一定的操作程序，去评估一个人的能力、人格及心理健康度等。从某个角度而言，这和工程师测量一座摩天大厦的高度、天文学家测量太阳表面的温度及医生测量一个人的血压相似。因为我们对人的心理行为还没有一个共同接受的理论和模型，依据不同的理论和模型，使用不同的测量方法，就会得到不同的数据结果。这些数据必须经由数学的分析、实验的验证和彼此之间的比较，才能够逐渐被大家广泛接受和使用。

心理测量可分四个步骤：第一，选择测量方式，包括观察、面谈、问卷、实验等。[①] 第二，设计测量的工具，获得相

① 其中被使用最多的是问卷，好处是测验结果来自受测者本人，没有第三方诱导和施压，也不依靠第三方的观察和评估，因而可以减小误差。问卷往往以有量化答案的题目为主，因此容易对结果进行量化分析，在有大量受测者的场合使用也很方便。问卷的题目包括：是非式——你曾经害怕自己会发疯吗？回答“是”或“否”。折中是非式——你喜欢户外活动吗？回答“是”“否”或“不一定”。文字量表式——“我”喜欢的人大多是（A）拘谨沉默的，（B）善于交际的，（C）介于A和B之间的。数字量表式——“我”担心考试失败，数字5到1代表程度：5代表经常，4代表多次，3代表偶尔，2代表极少，1代表从来不。

关的资料。第三，分析这些资料，获得量化的结论。第四，印证这些结论。

测量工具有两个重要的评价指标，一个是效度，另一个是信度。效度是指测量工具能够准确地测量被测量事物的程度，信度是指测量结果可靠、可信的程度。

测量工具的效度又分为以下几点：

第一，内容的效度，即实际测量内容和预计测量内容的吻合度。

譬如，我们要测量一个学生对美国历史认识和了解多少，测量的内容应该包括印第安人、英国殖民、独立战争、第二次世界大战后的崛起、民权运动、总统选举的历史等。如果测量的内容忽略了某些重要的事件，例如南北战争，或者过犹不及地加上美国地理、南美洲某些国家的历史，都会影响到测试内容的效度。又譬如，一个测量忧郁程度的心理测验，仅测验情绪这一个面向，而忽略了行为这一个面向，也会造成内容效度不足。

第二，结构的效度，即测量得到的结构性结果与理论的结构性结果或者想知道的结构性结果之间的吻合度。

譬如，智能测验的题目不能太容易，也不能太难，必须能够符合不同的人的智能是有差异的理论，才能达到按照智能程度来分类的目的。

第三，实证的效度，即测验结果和其他实证的吻合度。

譬如，学生在代数测验中的成绩，和他们在学校代数课的成绩是否吻合（也叫作同时实证的效度）。又譬如，学生的高考分数，是否和进入大学之后的表现相吻合（也叫作未来实证的效度）。

测量工具的信度是指测验的结果是不是可靠、可信，更详细一点地说，可分为以下几点：

第一，重复测验的信度，指同一组受测者在不同的时间做同样的测验，测验结果是否相近（当然，前提是测验的特性是相当稳定的）。

譬如成人的人格特质测验，或者高中生在短时间内连续参加两次高考，其间他不会有更多练习和学习的机会，也不可能把知道的东西很快忘掉，因此重复测验的信度应该是高的。

第二，复本测验的信度，指使用两个形式不同但实质相同的测验，测验结果是否相近。

设计两个形式不同而实质相同的测验并不容易，比较简单的例子是改变算术题中的数字或在多项选择题中改变选项的次序。

第三，分半测验的信度，指把一个测验分成对等的两半，受测者在这两半中测验的结果一致性的程度。

分半的办法也有很多，例如，在考试中把测试题目按照奇数与偶数分成两半，或者按内容、难易度将题目分成两半等。

第四，同构型的信度，指用一组题目来测验一个观念，这一组的题目之间的一致性。

第五，评估者的信度。因为有些测验是由评估者主观评估的，这里是指不同的评估者对同一批受测者的评估的一致性。

讲了这么多，接下来我们再回到如何测量一个人的智能这个问题。从20世纪初期开始，许多心理学家和教育学家先后提出了不同的智能测验方法，其中大家比较熟悉的是由法国教育家比内（Alfred Binet）首倡、由斯坦福大学心理学家特曼（Lewis M. Terman）修订而形成的斯坦福—比内智力量表。[①]

另一个在近年来被广泛使用的是心理学家韦克斯勒（David Wechsler）提出的智能测验方法。不过，即使测验方法和评分结果各不相同，不同的测验方法也可以使用同一个评分框架。换句话说，智能测验的题目由专家设计，并根据多年经验不断进行调整。把许多人的测验结果整理出来，往往就会得到一条平均值是 100 的钟形曲线（如图 1－1 所示）。[②]

有了这个共同的框架，我们就可以把测验的结果分成若干个区域：

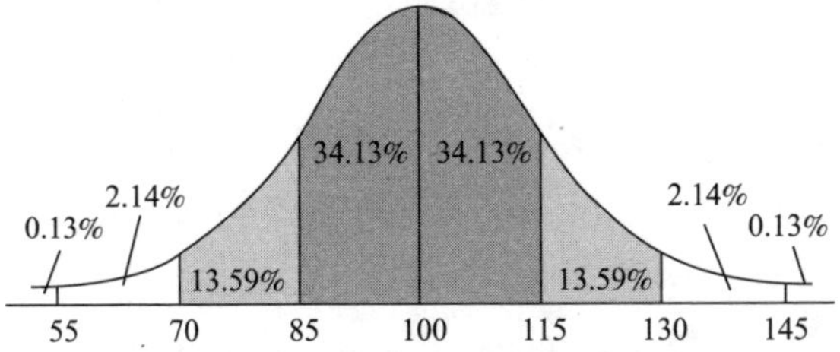

图 1－1　一个测验结果分布钟形曲线的示意图

---

① 举 1916 年特曼的一个测验里的两个题目为例子。

第一个题目：你有一个装 3 升水和一个装 5 升水的水桶，怎样用这两个水桶量出 4 升的水？有两个不同的方法，其一，3＋1＝4；其二，5－1＝4。

第二个题目：有个乡下人（差不多 100 年前的乡下人）到城里去玩了一趟，回去后到处对别人说："城里的人真懒惰，他们坐着走路。"请问这个乡下人看见了什么？答案可能是：他看见一个人在骑马、开车甚至被别人背着走。不过特曼认为，最恰当的答案是他看见一个人在骑脚踏车，因为那样最符合"坐着走路"的形象。

② 确切来说，这种现象叫正态分布，也叫高斯分布，它的平均值是 100，标准差是 15。

当一个人说他的测验分数是157，我们不必追问这是依据什么方法测验出来的，只需要知道他大概是一个非常聪明的人。

智能测验通常用一系列的问题来检测一个人的理解和推理能力，从而得到一个量化的结果。测验题目必须有深度和广度，以达到鉴别的目的。就广度而言，测验通常分为语言和非语言两部分：语言部分测验了解和记忆的能力，非语言部分测验思考、推理、联想、创新的能力。就深度而言，测验的题目不能太容易，否则测验的结果就是“大家都是天才”；也不能太难，否则测验的结果就是“大家都是笨蛋”。

智能测验中常用的概念是“智力商数”（Intelligence Quotient），简称“智商”（IQ）：一个人的智能可以用他的智力年龄（mental age）来度量。用一个人的智力年龄除以实际年龄，再乘以100，就可以得到一个人的IQ。例如，实际年龄是11岁的小孩，他的智力年龄被测定为13岁，那么这个小孩的IQ值就是118。当然，有人会问：“这些测验真的能够测出人的智力年龄吗？”这个问题没有准确的答案，不如跳过这个问题，就把“智能测验”看作“智力年龄测验”。而且，即使测量方法不同，在同一个评分框架之下，测验结果可以显示出在许多人中的某一个人的智力年龄。

创意也能被测量吗？

接下来我们谈谈测量创意这个问题。在许多不同的方法中，让我选一个广为应用、相当简单且非常有趣的例子——人格特质形容词检核表。1983 年，美国两位心理学家高夫（Harrison G. Gough）和海布伦（Alfred B. Heibrun）提出了一个问卷方式的人格特质测量方法，这个问卷含有 300 个形容词，例如“心不在焉（absent-minded）”“活跃积极（active）”“掌权管事（dominant）”“迟钝无趣（dull）”“不负责任（irresponsible）”等。受测者要很快速地从中选出能用来形容自己的形容词，需要特别注意的是，要选择那些足以形容他的人格特质、而不是他所希望自己拥有的人格特质的形容词。

这些形容词是按字母次序排列的，因此受测者不知道这些形容词在描写什么人格特质。根据受测者的答案，心理学家可以分析出受测者在 37 个不同的人格特质里的分数。这些人格特质（以下列出 22 个）包括：

1. 有事业心，追求社会认同。
2. 有耐力，在工作中坚持努力，不懈怠。
3. 规律，注重整洁、条理和规划。

4. 自省和他省，了解自己或他人。

5. 热心，在物质或情感上为别人提供助力。

6. 自主、独立。

7. 有侵略性，有攻击、伤害别人的行为。

8. 顺从。与别人相处时，扮演下属、追随者的角色。

9. 愿意接受别人的忠告和专业意见。

10. 自控，指自控能力和对自控的重视。

11. 自信和自持。

12. 调整和适应的能力。

13. 有一个理想的自我。

14. 有创意，喜欢与常规不同的想法或做法。

15. 如同军事领袖，稳重、自律、有判断力。

16. 有野心、果断、主动。

17. 帮助别人、善良、有爱心。

18. 成熟、客观。

19. 不受拘束，喜欢开玩笑，有冲劲，以自我为中心。

20. 有适应力，尊重别人，配合度高，有责任感。

21. 感情高于理智。

22. 理智高于感情。

高夫和海布伦所选的37种人格特质，不是凭空想象出来的，而是参考了许多心理学家的看法后筛选出来的。其中15个人格特质是源自美国著名心理学家莫里（Henry Mori），他认为人的心理行为是由需要主导的。高夫和海布伦的方法引起了人们的注意，也带来了许多变化和延伸，因此也有人设计了不同的形容词检核表，用来测量不同的人格特质。

在高夫和海布伦的 37 个人格特质里，其中一个就是“有创意”，高夫在 300 个形容词里选了 30 个，根据受测者对这 30 个形容词的选择，判断他们的创新能力。这 30 个形容词里，有 18 个是正面的创新能力，有 12 个是负面的创新能力。（见表 1－1）用一个人选择的正面形容词的数目减去负面形容词的数目，就是他的创意分数。

表 1－1　创新能力形容词表

有才能的（＋）	诚实的（－）
虚伪的（－）	聪明的（＋）
机灵的（＋）	仪态端庄的（－）
谨慎的（－）	兴趣广泛的（＋）
自信的（＋）	有发明性的（＋）
任性的（＋）	有原创性的（＋）
平凡的（－）	兴趣狭窄的（－）
有幽默感的（＋）	能自省的（＋）
保守的（－）	诚恳的（－）
个人主义的（＋）	足智多谋的（＋）
传统的（－）	充满自信的（＋）
不拘小节的（＋）	性感的（＋）
不满足的（－）	顺从的（－）
有洞察力的（＋）	势利的（＋）
多疑的（－）	反传统的（＋）

之后高夫做了很多工作来验证测量的结果。他找了一组数

学家、一组建筑师、一组科学家、一组心理学专业的研究生、一组工程学系的本科生，还有一组由不同背景的人混合而成。然后他请心理学专家对这些人的创意能力进行评估，也拿他们在别的创意测验中的结果来比对，最后的结论是：形容词检核表是相当可信的测量方法。

跳出思考的框架

什么是创新能力？在回答这个问题之前，我们得先搞清楚什么是创新。简单来说，创新就是产生前所未有的有价值的东西，包括无形的东西（如观念、理论、音乐）和有形的东西（如机器、工具、绘画）。大家也常常把它同发明、创作和发现这三个概念相提并论。

创新包括用眼睛去观察、用大脑去思考和用双手去实现。眼睛是输入的管道，用眼睛去观察，就要看到问题、看到问题所在的大环境、看到已知的解决问题的方法、看到已知的失败尝试。双手是输出的管道，可以将大脑想到的解决问题的方案实现，或者通过实践发现大脑想到的答案有错误或有可以改进的地方。因此，大脑就是把“输入”转换成“输出”的工具，这个转换的过程就是“思考”。一般来说，讨论创新这个概念时，大家往往把重点放在思考这个面向，因此有了“创新思维”这个词。

在科学领域、工程领域和现实生活中，大家常提到一个说法——“Thinking outside of the box”，翻译成中文就是“跳出盒子的思维”。“盒子”，指的是因为惯例和传统、别人的或者自己的过去经验、相似但并不相同的情形等的影响，一个人的

思维往往被局限在某个并不存在的“盒子”里。跳出这个“盒子”，就有机会找到正确的、更好的答案。

下面我们通过几个笑话来诠释。

三个人回答同一个问题：“您寿终正寝，身体被安放在棺材里，亲朋好友前来吊唁，瞻仰遗容，您希望他们看到您的身体时，会说一句什么话呢？”第一个人说：“他是一个好父亲、好丈夫，爱护妻儿、照顾家庭，他走了，我们会永远怀念他。”第二个人说：“他是一个好老师，教导学生尽心尽力，他走了，我们会永远怀念他。”第三个人说：“我希望他们看到我的身体时，会大声尖叫：‘怎么还在动？怎么还在动！’”第一个人和第二个人的思维，被限制在“已经死了”的“盒子”里，他们只在“盒子”里找最好的答案；第三个人的思维跳出了“已经死了”的“盒子”，希望别人看到他活过来了。

一家大公司面试时提问：“你驾着两座的小跑车，行驶在回家的路上，突然看见三个人在公交站等车，一个是身体衰弱的老太太，急着回家休息，或者要去医院挂急诊；一个是你多年的好朋友，他对你还有救命之恩；还有一个是你公司新来的女同事，你很想找机会多和她聊聊天。夜黑风高，请问你会怎么办？”一个人说：“当然要请可怜的老太太上车，把她送到目的地，那是有爱心的表现。”另一个人说：“当然要请老朋友上车，那是念旧、感恩的表现。”还有一个人说：“当然要请那位女同事上车，看到机会就要把握。”然而，最后得到那份工作的人，他的答案是：“请老朋友驾车送老太太回家，自己留下来陪女同事等公交车”。前面几个人的答案被困在“车子只剩下一个座位”的“盒子”里，跳出这个“盒子”，车子就有了两个空位。

有一个人骑着摩托车，载着三大袋沙，要通过边境的海关，海关官员问他：“袋里放的是什么东西?”他说是建筑用的沙。海关官员不放心，把三个大袋一一打开，细细检查，果然没有任何违禁品，就让他过关了。第二天，他又骑着摩托车，载着三大袋沙要通过边境，海关官员又细细地检查，也的确没有任何违禁品。一连好几个月，他每天都这样，请问他在偷运什么东西呢？答案是——摩托车。海关官员以为“偷运的东西只会放在袋子里”。

有个小商人生意失败，债主逼他还债，这个债主又老又丑，看中了小商人年轻貌美的女儿，提出了解决债务的方案：首先，他在地上捡一块黑色和一块白色的小石头，放在布袋里；然后，让小商人的女儿从布袋里拿出一块小石头，如果小石头是白色的，债务就一笔勾销；如果小石头是黑色的，小商人就必须把女儿嫁给他，债务也一笔勾销。如果小商人不同意这个方案，就要被抓去坐牢。小商人只好勉强同意了这个方案。这个狡猾的债主偷偷在地上捡了两块都是黑色的小石头，放在布袋里，可是小商人的女儿眼尖，看到了债主的小动作，然后她毫不犹豫地伸手到布袋里抓了一块小石头，还来不及摊开手掌，一不小心把小石头掉到了满地都是石头的地面上。这个聪明的女孩子对债主说：“没关系，我们看看剩下那块石头的颜色就好了，既然剩下那块是黑色的，那么刚刚我拿出来掉在地上的，肯定是白色的。”结局不用说，大家应该都知道了。

关于“跳出盒子的思维”，最经典的例子就是九个点的问题：把九个点排成三乘三的矩阵，也就是三个点一行，排成三行，如何用四条连续的直线，把九个点连起来？相信许多读者都听过这个问题，也知道答案，不知道答案的读者，不妨试着动手解一下这个问题。如果您一下子没有把答案找出来，给您一个提示：这些直线可以延伸到九个点形成的矩阵之外。许多人在一开始不自觉地误以为，这些直线只能画在九个点形成的矩阵之内，如此就没办法找到答案了。找到答案之后，可以继续思考：十六个点排成四乘四的方阵，四个点一行，排成四列，需要多少条线呢？答案是六条。二十五个点排成五乘五的方阵，五个点一行，排成五行，需要多少条线呢？答案是八条。当你知道诀窍是直线可以延伸到这些点形成的矩阵之外时，你就学会跳出“盒子”的思维方法了。

我们常听到很多脑筋急转弯问题，这些问题的特色就是有意无意地把你的思维限制在一个“盒子”或者框架里。我们先来看例子：请找出连续的三天，不包括星期二、星期四和星期六。答案是“昨天、今天和明天”，可是表面上，问题的叙述方式把答案框在星期一到星期天这七天。又如，在一场车祸里，开车的父亲死亡了，坐在旁边的儿子重伤，当儿子被送到医院急诊室开刀时，急诊室主治医生说：“这是我的儿子，按照常规，我不能替他开刀。”为什么？因为这个医生是这个孩子的母亲，而大家通常会被局限在“医生是男性”的“盒子”里。

诺贝尔奖得主的创意

在丹麦哥本哈根大学物理系的一场口试中，老师问学生："假如你有一个气压计，请问：你怎么样利用这个气压计来判断一座摩天大楼的高度?"学生回答说："爬到摩天大楼的顶楼，把气压计绑在绳子的一端垂下来，当气压计碰触到地面时，把绳子剪断，绳子的长度就是摩天大楼的高度了。"老师觉得这个答案与物理的相关度不够，评了不及格，学生不服，向学校提出申诉，学校就指派申诉委员会，再给这个学生一个机会。申诉委员会主席说："你上次的回答与物理的相关度不够，请你再提出别的方法吧！"

学生回答说："第一个，爬到摩天大楼的顶楼，把气压计往下丢，记下气压计到达地面上所需的时间，用 $h=\frac{1}{2}gt^2$ 这个公式（h 是高度，g 是重力加速度，t 是时间），就可以把摩天大楼的高度算出来了。第二个，用一根长度是 L 的短绳，绑住气压计，做成一个简单的钟摆，钟摆的周期等于 $2\pi\sqrt{\frac{L}{g}}$，但是，在地面上和在摩天大楼顶上，重力加速度是不同的，因此，这个钟摆在地面上的周期和在摩天大楼顶上的周期也不同，据此就可以算出摩天大楼的高度了。第三个，假如太阳出来了，把气压计立起来，根据气压计的长度、气压计在地面上的影子的长度和摩天大楼在地面上的影子的长度，就可以算出摩天大楼的高度。第四个，如果摩天大楼外面有紧急疏散的楼梯，沿着楼梯一步一步往上走，把气压计当一把尺，量出大楼的高度。第五个，用气压计测量地面的大气压力，再测量在摩天大楼顶楼的大气压力，因为大气压力随着高度而下降，据此就可以算出大楼的高度。”

其实，第一个和第二个方法是把气压计当作一块石头，第三个和第四个方法是把气压计当作一把尺，只有第五个方法才真正用上了气压计测量大气压力的功能。除了这些有足够物理特点的方法之外，另一个方法是去找大楼管理员，对他说：“我把这个气压计送给你，请查查档案，告诉我大楼的高度是多少。”这些有物理特点的方法都被局限在气压计的功能上，跳出这个盒子，气压计也可以作为礼物送给大楼管理员。故事里的这个学生，传说就是诺贝尔物理学奖得主玻尔（Niels H. D. Bohr）。

创新的思维
——发散思维和认知弹性

让我们来看看专家的说法。心理学家认为创新的思维主要基于两点——发散思维和认知弹性。简单来说，创新的能力主要基于开阔和灵活的思考方式。发散思维，又称扩散思维或求异思维，是指大脑在思考时，不只朝一个方向寻求答案，而是同时朝不同的方向寻求答案。发散思维是创新的主要支柱之一。

要找出问题的答案，我们的思维到底朝哪个方向走，往往是不能预知的，如果蒙着头朝一个方向走，可能就会走进死胡同。举个例子：$101-102=1$，这个等式是错误的，因为 $101-102$ 不等于 1。如何移动等式中一个数字的位置，把它变成正确的等式呢？如果朝着把一个数字往左移或往右移的方向去想，那是徒劳无功的，但是把一个数字往上移或往下移呢？答案简单明了：$101-10^2=1$。

大家都熟悉勾股定理，从代数的角度看，就是三个正数 x、y、z，$x^2+y^2=z^2$；从几何的角度看，就是直角三角形的三边长 a、b、c，$a^2+b^2=c^2$。勾股定理有 300 多种不同的证明方法，这是一题多解的典型案例。

有一套书，分上、下两册，上册比下册贵2元。老师身上有n元，如果只买上册，可以买到10本；如果只买下册，可以买到15本，最终他买了p套。请问：上册一本多少钱？下册一本多少钱？老师身上一共有多少钱？他买了多少套书？解这道题，通常用以下两种方法：方法一，假设上册单价为x，下册单价为y，则$x-y=2$，$10x=15y$，可以算出$x=6$，$y=4$，由此可知老师身上有60元，他买了6套书。方法二，先把老师身上的钱算出来，由题意可知：上册每本的价钱是$\frac{n}{10}$，下册每本的价钱是$\frac{n}{15}$，而$\frac{n}{10}-\frac{n}{15}=2$，解得$n=60$，所以老师身上有60元。

发散思维带来一题多解、一解多题的结果，上面举了数学的例子。在中国古代，常有文人雅士提出上联而征求下联的故事，也是一题多解的例子。例如，上联是“上海自来水来自海上”，可能的答案有“山东落花生花落东山”“中山归隐客隐归山中”及“斗六高才生才高六斗”（这可能是一个不及格的答案①）。一解多题的现象在猜谜语时很常见，不同的谜面可能有相同的谜底，例如以下字谜：“上不在上，下不在下”“人有它大，天无它大”“春雨绵绵妻独宿”“因何坠落变成囚”，四个谜面的谜底都是“一”字。

在发散思维的作用下，人们经过多角度、多方向的思考，再将得到的结果组合起来，可以找到新的题目，获得新的观念，

---

① 这个答案有两个缺点：高“材”生是指经过努力而有成就的学生，无论有没有“才”；谢灵运称赞曹植时说：“天下之才，总共一石，子建独得八斗。”这是“才高八斗”的出处。这位高“才”生，说才高六斗，难免有过分自夸之嫌。

甚至开辟新的领域。例如，牛顿结合开普勒的天体运行三定律及伽利略的物体垂直自由运动和水平自由运动定律，创造了经典力学；麦克斯韦结合法拉第的电磁感应理论及拉格朗日与哈密尔顿的数学方法，创造了完美的电磁理论。正如牛顿说的："如果我比别人看得更远些，那是因为我站在巨人的肩膀上。"

认知弹性是指在思考的过程中，因为外在环境和规则的改变，或者内在价值观和理念的改变，从一个思路转移到另一个思路。例如，看电视时，在几个频道之间换来换去，而可以同时跟得上这几个频道的内容。又比如，打麻将时，有所谓长沙麻将和广东麻将的分别，两者的游戏规则是不同的。如果打麻将时，一盘用长沙麻将的规则，另一盘用广东麻将的规则，反复变化，有些人脑筋转得过来，跟得上，有些人则可能被搞糊涂。

按照比较学术的方式来说，认知弹性包括几个重要的面向：

第一，思路和注意力能迅速改变。

例如，晚宴上，一个客人在谈股票市场，一个客人在谈旅游经验，一个客人在谈英国文学，此时，认知弹性强的主人就能面面俱到，与每个人相谈甚欢。

第二，对新环境、新观念适应能力强，容易产生新的思维方向和途径。与之相反的就是墨守成规、食古不化。

例如，智能手机最常用的操作系统是安卓和iOS，有些人（特别是年轻人）若无其事地使用不同的操作系统，而有些人在换新的操作系统时（特别是年长者）就会觉得不容易适应。

第三，对事物能够进行整体、全面的观察，既能看到重要的面向，也能看到似乎不那么重要的面向。

例如，买一件衣服时，除了考虑尺码、材质、颜色、价格之外，还会考虑这是不是好的品牌，以及自己是不是已有相似功能和样式的衣服。假如已经有了一件黑色厚毛衣，还需要再买一件深蓝色厚毛衣吗？对女性而言，可能还会考虑自己有没有适合搭配的首饰，等等。

第四，观察力敏锐。

有一次，我要从台北到瑞士的洛桑开会，规划旅程时，我希望尽量减少转机的次数，这样感觉比较舒服；也希望尽量搭乘同一家航空公司的飞机，这样价格比较便宜；还希望尽量光顾本地的航空公司。去程是从台北直飞法兰克福，再转飞瑞士日内瓦，然后从日内瓦坐火车到洛桑，这是个不错的安排。可是，回程却不能直接倒过来走，因为从台北到法兰克福的飞机，在当地时间早上6点抵达，上午11点就又飞回台北了。我从洛桑出发得再早，也无法赶上11点这趟航班。幸好朋友指出，下午4点，该航空公司有一班从阿姆斯特丹直飞台北的班机，因此我可以从容地从洛桑坐火车到日内瓦，从日内瓦飞到阿姆斯特丹，再直飞回台北。当然，好的计算机系统也会把这个行程筛选出来，这正是计算机也有认知弹性的例子。

第五，能够把一个庞大、复杂的问题分解成若干个简单的小题目。

例如，安排晚宴的菜品时，先确定菜品里有一道肉、一道海鲜、一道家禽和两道蔬菜。再往下拆分，肉要牛肉、猪肉，还是鹿肉、兔肉呢？海鲜要鱼还是虾呢？有一道菜是辣的，另一道就不要辣了。然后，上菜的次序又是怎样呢？这也是认知弹性的例子。

认知弹性测验

心理学家设计了许多不同的测验来度量一个人的认知弹性，整体来说，幼儿从三四岁开始，认知弹性逐渐成长。反过来，年纪大的人会有认知弹性衰退的现象，不过这是很笼统的说法。认知弹性和环境、教育、经验、健康状况都有关，特别是与大脑的逐步退化相关。

举几个测验认知弹性的例子。

例一：每张纸牌上有一个有颜色的图案，一共有四种不同的图案——星形、菱形、三角形、圆形，有三种不同的颜色——红、蓝、黄，那么一共有 12 种不同的纸牌，包括红色的星形、蓝色的星形、黄色的星形等。把纸牌给一位小朋友，先请他按图案把纸牌分成四堆，然后请他按颜色把纸牌分成三堆。这个实验可以测试小朋友认知弹性的大小，通常 3 岁的小朋友没法完成，5 岁的小朋友就可以完成。

例二：每张纸牌上画有一种动物——猫、狗、老虎，或者一种食物——白菜、苹果、蛋糕，每个图案有两种不同的颜色——红和蓝，那么就可能有红色的猫、红色的狗、红色的老虎、红色的白菜、红色的苹果、红色的蛋糕等。把纸牌给一位小朋友，请他按照红色的动物、红色的食物、蓝色的动物、蓝色的食物这四个条件，把牌分成四堆。7岁小朋友可能没法完成，不过11岁的小朋友就可以很好地完成了。

接下来，讲一个在实验心理学上很重要也很有趣的测验——斯特鲁普测验（Stroop test）。这是美国心理学家斯特鲁普（John Stroop）在1935年发表的一篇论文里提出的心理测验，这篇文章到目前已经被引用超过140多万次，而且出现了几百个与之相关的研究课题。概括地说，这是一个关于认知弹性的测验，不过里头有很多有趣的细节。其过程如下：

测验一开始，受测者被告知这是一个辨认颜色的测验，用来测验反应的速度。第一次，受测者会看到一连串不同颜色的方块，需要把颜色辨认出来，显然，这很容易，因此几乎所有受测者的反应速度都很快。

第二次，受测者会看到一连串的字——红、橙、黄、绿、青、蓝、紫；而且，“红”这个字是用红色印出来的，“蓝”这个字是用蓝色印出来的，“绿”这个字是用绿色印出来的……这也很容易，因此大多数受测者的反应速度也很快。

第三次，受测者看到一连串的字——红、橙、黄、绿、青、蓝、紫。“红”这个字是用红以外的其他颜色印出来的，可能是蓝色，可能是黄色，等等；“蓝”这个字是用蓝色以外的任何一种颜色印出来的，可能是红色，可能是绿色，等等；“绿”这个字是用绿色以外的任何一种颜色印出来的，可能是红色，可能是蓝色，等等。

请记得，这是一个辨认颜色的测验，“红”这个字用蓝色印出来，正确的回答是蓝；“红”这个字用黄色印出来，正确的回答是黄。测验的结果，相信大家都猜得出来，对大多数受测者来说，第一次和第二次测验中，他们的速度差不多，而且正确率很高；第三次测验，他们的速度比较慢，而且错误率较高。

外行人也能看出影响辨认速度快慢和正确率高低的因素。"红"这个字的含义和印这个字用的颜色是互不相关的，"蓝"这个字的含义和印这个字用的颜色是互不相关的……

心理学家们曾提出好几种不同的解释：

第一，大脑辨认文字的速度快于辨认颜色的速度，因此在第二次测验中，大脑先根据文字把颜色读出来。

第二，大脑辨认颜色时需要集中注意力，而辨认文字时不太需要集中注意力。

第三，辨认文字是一个经由长期阅读而养成的习惯，因此，看到文字便想到它的含义，成为大脑的自发行为；而辨认颜色并不是自发行为。在第三次测验时，大脑必须抑制先看到文字并把它的含义读出来的冲动，才能给出正确答案——说出文字的颜色。

第四，如上面所说，辨认颜色需要集中注意力，但是大脑会不自觉地经由自发行为处理别的外来信息，这些不自觉的自发行为会影响注意力的集中。

第五，大脑分析信息时会对每项工作建立一条思想路径，有些思想路径（如辨认文字）是比较强的，有些思想路径（如辨认颜色）是比较弱的，这两条路径同时进行时，比较强的路径就会干扰比较弱的路径。

相信你们在综艺节目或网络新闻里看到过用斯特鲁普测验设计的游戏。斯特鲁普测验也有很多变化，举两个例子：

有一个测验叫作“情绪的斯特鲁普测验”（emotional Stroop test）。在一组字里，有些是带有负面情绪的，例如，杀、死、痛、偷、抢；有些是中性的，例如，风、钟、油。这些字用不同颜色印出来，受测者要指出每个字的颜色。心理学家发现，有忧郁症的人对带有负面情绪的字的颜色的反应，会慢于对中性字的颜色的反应。一个解释是，大脑要比较费力地压抑带有负面情绪的字，才能把注意力集中在颜色上。

另一个测验叫作“逆向的斯特鲁普测验”（reverse Stroop test）。在原始的斯特鲁普测验里，代表颜色的字，如红、黄、蓝、绿等，被用不同的颜色印出来，受测者要把每个字的颜色辨认出来，要么用嘴说出来，要么按一下颜色按钮。在逆向的斯特鲁普测验里，人们会想，如果每个字都是用灰色印出来的，或者每个字都用不同的颜色印，那么受测者的反应速度差不多是一样的。

但是，巧妙的是，心理学家设计了不同的表达辨认结果的方法。在黑色的正方形中间，有一个代表颜色的字，如“蓝”，但是这个字是用不同的颜色印出来的，如红色，而且这个黑色正方形的四个角有四个小的正方形，一个是蓝色的，一个是红色的，另两个是任意不同的颜色的。受测者把鼠标移动到代表这个字含义的小正方形区域，视为成功。在这个测验中，受测者的反应也比较迟缓。

脑神经科学家和认知科学家用核磁共振成像（Magnetic Resonance Imaging，MRI）和正电子发射体层摄影（Position Emission Tomography，PET）等技术，来观察一个接受斯特鲁普测验的人的大脑活动，观察结果可以帮助我们了解大脑中认知弹性的活动。简单来说，大脑的主要成分之一是大脑皮质，它分成四叶——额叶、枕叶、顶叶、颞叶，四叶各有不同的功能。科学家发现，接受斯特鲁普测验时，受测者的额叶活动会增加，笼统来说，额叶有决定、解决问题和计划的功能。额叶中的两部分——前扣带回皮质（anterior cingulate cortex，ACC）和背外侧前额叶皮质（dorsolateral prefrontal cortex，DLPFC），都有监控和调解的功能：ACC 会选择性地适当反应，并且适当地集中注意力。有趣的是，当受测者对测验的过程很熟悉以后，ACC 的活动频率会降低；DLPFC 则会注意避免未来的冲突和抵触，消除无关信息的影响。

有趣的创新能力测验

1883 年，英国心理学家及统计学家高尔顿（Francis Galton）提出了“字词联想”这个心理测量方法。当受测者看到一个字，要立刻写下自己联想到的另一个字或词。1930 年，荣格（Carl Gustav Jung）把这个方法发扬光大。在一个测验里，看到“猫”这个字时，许多人会想到“狗”，但也有些人会想到“老鼠”“宠物”；还有些人会想到“牛奶”“火炉”“房间”等。又如，生活在华人世界的我们，看到“喜帖”这个词，会想到“结婚”“婚礼”“红包”“炸弹”“恭喜”等。特别有趣的是“炸弹”，许多人都把喜帖叫作“红色炸弹”（无预警而要破财的东西）。遇到一个可能有不同含义的刺激（ambiguous stimulus），如水、绿色、害怕、亲吻等字词，受测者往往呈现出不自觉的心理状态。荣格设计了一张共有 100 个字/词的表，根据受测者的联想，心理学家可以分析其内心状态。

推而广之，测验里使用的刺激并不限于字和词。例如有名的墨迹测试（Rorschach test），实验者给受测者一张四不像的墨迹，让受测者说出看到了什么，有四个选项：一张脸、一张恐怖的脸、一朵花和一个面具；或者另一张墨迹，有五个选项：兔宝宝的头、拉长的马头、一张 X 光照片、一个巨人张开他的口及隧道的入口。根据受测者的答案，心理学家可以分析其内心状态。（墨迹测试使用的图片可参见图 1－2）

图 1－2　两张墨迹测试使用的图片

另一个有名的例子叫作“主题统觉测验”（thematic apperception test）。受测者会看到几张图片，然后根据这些图片讲述一个故事。

前面讲到，1883 年，英国心理学家高尔顿就提出了字词联想的心理测量方法，那时他就认为字词联想和 IQ 是有关联的。1959 年，美国心理学家梅德尼克（Sarnoff A. Mednick）和他的夫人莎拉（Sara Mednick）提出“远距离联想测验”（remote association test），这也是测验创新能力的。每一道题里有三个似乎并不相关的字，受测者要找出一个和这三个字都有关联的字。

例如，题目里的三个字是“命、男、学”，则答案是“生”，因为“生”和这三个字都有关联——生命、男生、学生；题目里的三个字是“疗、防、统”，则答案是“治”，治疗、防治、统治；题目里的三个字是“生、天、温”，则答案是“气”，生气、天气、气温；题目里的三个字是“腔、红、渡”，则答案是“口”，口腔、口红、渡口，这道题比较难。题目里的三个字也可以换成三个词，例如“流汗、闷热、季节”，答案是“夏天”；题目里的三个词是“市场、结束、夕阳”，则答案是“黄昏”。

讲到字词，写对联就是很好的例子。1932年，清华大学举行新生入学考试，国文题目由四大导师之一的陈寅恪出题，其中一题是对对子，当别人问他为什么要考对子，他做了很详尽的解释，重点之一就是从对对子可以评估学生的学问和创意。对对子就是字词联想，一方面是名词对名词，动词对动词，规规矩矩；另一方面却是无限的联想空间，海阔天空，无边无际。

举个有名的例子，上联是“天若有情天亦老”，下联是“月如无恨月常圆”。上联“天若有情天亦老”出自唐朝诗人李贺的一首诗，200多年后宋朝的石曼卿对出了下联——“月如无恨月常圆”。“天”对“月”，“有情”对“无恨”，“天亦老”对“月常圆”。

写对联时，因为要谨守字词联想的规则，经常出现这种情况：每个字、每个词对得很工整，凑起来的句子却是奇怪、无厘头、让人哭笑不得的，这叫作“无情对”。例如，上联是“五月黄梅天”，下联对“三星白兰地”，每个字都对得很工整；还有“苹果脸”对“葡萄牙”，“桃李争荣日”对“荷兰比利时”。

陈寅恪先生出的题目，上联是“孙行者”，标准答案是“胡适之”；后来有人说“祖冲之”也是很好的答案。用人名对人名是个有趣的文字游戏。

智能和创新能力有关系吗？

1980年，美国心理学家霍切瓦尔（Dennis Hocevar）提出“创意行为量表”（creative behavior inventory）。这个量表罗列了一系列和创新能力有关的活动和成就，按照活动和成就的多寡程度而给予评分。例如创作诗词，从来没有，得0分；写过一两首，得1分；写过三五首，得2分；超过五首，得3分。其他还有画卡通漫画、发表数学论文、参加歌唱比赛等。有些问卷有七十多个问题，有些有二三十个问题，把所有分数加起来，就是受测者创新能力的得分。

其他心理学家也设计了不同的创意行为量表，例如：

1. 我认为解决问题最好的方法是按照逻辑逐步推理。
(A) 同意　　(B) 不一定　　(C) 不同意
2. 我很在乎别人对我的看法和想法。
(A) 同意　　(B) 不一定　　(C) 不同意
3. 有些时候我会过分热情和冲动。
(A) 同意　　(B) 不一定　　(C) 不同意
4. 我经常会做些违规的事情。
(A) 同意　　(B) 不一定　　(C) 不同意

5. 我努力追求成功和权力。

(A) 同意　　　(B) 不一定　　　(C) 不同意

创意行为量表中，答案不同，对应的得分也不同，最高分是 +4 分，最低分是 -3 分，而且不同题目的分值也不尽相同（这样设置的目的是避免受测者刻意去猜题目的答案）。第一个问卷的重点是活动和成就，第二个问卷的重点是态度和观点。这些都是从不同角度去度量受测者创新能力的问题。第二个问卷的问题，让我们想起前面讲过的高夫的形容词检核表，事实上，有些创新能力测验的问卷的确分成两部分，一部分是创意行为量表，一部分是创意形容词检核表。

让我们回到开篇总经理和人力资源部主任的对话，主任向总经理推荐了一位聪明、诚实又有创新能力的年轻人。总经理笑了笑，对主任说："找到一位聪明又有创新能力的年轻人，我非常高兴，真是鱼与熊掌两者兼得。但是到底聪明和创新能力之间有什么关系呢？是不是聪明的人一定有创新能力？有创新能力的人会不会是个不太聪明的人呢？"

主任毕恭毕敬地回答："的确，大半个世纪以来，聪明和创新能力之间的关系一直是心理测量学家们热衷的话题，但是心理学界众说纷纭，一直没有统一的说法。聪明相当于智能高，总结一下，有这些说法：一是创新能力是智能的一部分；二是智能是创新能力的一部分；三是智能和创新能力是各自独立的人格特质；四是智能和创新能力是一分为二、合二为一的人格特质；五是智能和创新能力既独立又重叠。"

许多实验结果指出，智能和创新能力之间的关联相当薄弱，它们之间的相关系数只在 0.1 到 0.3 之间。在统计学里，相关系数表示两个变量之间的关联，它的数值在 +1 和 -1 之间。当其中一个变量增大，另一个变量也线性增大，则它们之间的相关系数是正数；当其中一个变量增大，另一个变量线性缩小，则它们之间的相关系数是负数。相关系数的数值（绝对值）则表示两者之间关联程度的强弱。因此，当我们说智能和创新能力之间的相关系数在 0.1 到 0.3 之间，就表示智能高，创新能力也高；智能低，创新能力也会随着降低，但两者之间的关系并不显著。

心理学家找了 151 个五年级的学生，让他们分两次进行测验，一次进行五个有关创新能力的测验，另一次进行十个有关智能和学业成就的测验。在创新能力的测验中，相关系数平均值是 0.41，在智能和学业成就的测验中，相关系数是 0.51，这个结果表示，这两次测验对他们的创新能力、智能和学业成就的度量结果是相当可靠的。可是，创新能力和学业成就之间的相关系数，竟然低到只有 0.09。这样看来，创新能力和智能与学业成就之间几乎毫不相干，套用一句成语，就是“风马牛不相及”。

还有一个叫作“阈值假说”（threshold hypothesis）的理论，根据这个理论，智能高是创新能力高的必要条件，而高智能通常以 IQ 值达到 120 为门槛。换句话说，一个人的 IQ 大于等于 120，才可能有高度的创新能力。这个说法好像说得通，不过并没有足够的实验结果来支持这个假说，而且为什么以 IQ 等于 120 为门槛，这也缺乏实验结果的支持。

诚实的人格特质

我们再来谈谈“诚实”这个人格特质。诚实与否也是根据经验来判断，甚至根据单独的事件来判断。

有人安排了一个测验，让演员戴上墨镜，拄着盲杖，扮演一个失明的老人。他手上拿着一张钞票，对遇到的一个行人说：“先生，您可以替我把这张钞票换成五元零钱吗？”这个人拿了钞票，掉头就走了。演员又遇到另一个行人，这个行人拿了钞票，给了他五元零钱就走了。只有第三个人告诉老先生：“这是一张 50 元的钞票。”

周一上午，期中考试刚结束，四个同学匆匆忙忙冲进教室，对老师说：“我们周末开车去旅游，本来算准时间赶回来参加期中考试的，可是半路上一个轮胎爆了，我们只好下车换轮胎，再赶路回来，所以迟到了，请让我们补考。”老师说：“好，你们四个人去坐在教室的四个角落，我去给你们准备试卷。”他们坐好后打开试卷，试卷上只有一个题目——“汽车的四个轮胎中，哪一个爆了？”

诚实，就是一个人所说的、所做的和他所知道的、所相信的是一致的。因此对自己而言，诚实就是坚定、坚持；在和他人相处时，诚实就是可信和可靠。为什么一个人会有诚实或不诚实的行为呢？原因包括外在因素和内在因素。

外在因素可归纳为“经济人”（Economic man，也称“势利人”或“唯利人”）的假设。这个假设最早是由18世纪英国经济学家亚当·斯密（Adam Smith）提出来的，他认为人的行为动机跟经济有关，即争取最大的经济利益。他在《国富论》中有一句名言：“我们的晚餐并非来自屠宰商、酿酒师和面包师的恩惠，而是来自他们对自身利益的关切。”因此，一个人诚实与否，有三个外在因素：第一，能够获得的外在利益的多寡；第二，被揭发的概率的高低；第三，受到的惩罚的轻重。这是大家都可以领会的，甚至我们或多或少都体验过。例如，对许多人来说，在瑞士的银行有20亿美元存款是很大的诱惑；半夜里，仓库四顾无人，顺手拿走一个新手机，以为神不知鬼不觉……

内在因素方面，心理学家指出，在共同生活的环境里，基于教育、经验和其他因素，每个人会形成衡量自己行为的内在准则。合乎这个准则的行为会带给他满足、快乐等正面感受，违反这个准则的行为会带给他罪恶、不安等负面感受。这个内在准则也就是中国人常说的“良知”。其直接的证据是，脑神经科学家观察大脑影像，发现大脑对与内在因素有关的循规蹈矩、利他益众等行为的反应，和对与外在因素有关的吃喝玩乐等行为的反应是相同的。

不过，和外在因素相似，内在准则也不是铁板一块，而是有两个面向。其中一个面向是：内在准则往往是有伸缩性的，在不同的情境中会有所变化，因而人会做出不同的反应。例如，在公司会议结束后，某员工顺手拿走了桌上一支价值10元钱的圆珠笔，认为没什么了不起；可是，他在公司餐厅点了一杯10元钱的咖啡，如果不付钱，就不行了。可能的解释是，开会时放在桌上的圆珠笔，它的费用在开会的费用之内，那是公司考虑到有人会顺手牵羊特意放的。

讲一个小故事。

2011年4月，捷克总统克劳斯出访智利，和智利总统皮涅拉谈好合作条约，签完字后，克劳斯总统顺手把签字用的笔放到口袋里去了。这本是小事一桩，可是签字用的笔是一支相当名贵的笔。克劳斯总统把玩这支笔和静悄悄地把笔放在口袋里的过程都被录了下来，成为一个小笑话，也引起了这算不算是偷窃的争论。

再讲一个笑话。

父亲下班回家，看到老师送来的一张纸条，上面写着："您的儿子偷了同学的一支圆珠笔，被记'小过'。"父亲勃然大怒，打了儿子一巴掌，训斥道："我从公司拿了那么多圆珠笔回来，为什么还要去偷同学的笔！"

当然，内在准则的可伸缩性是由自己衡量决定的，伸缩性愈大，做出不诚实行为的可能性愈高，这也正是"小时偷针，大时偷金”的意思。但是，心理学家也认为，小时偷针，大时未必偷金，这也是心理学家皮亚杰（Jean Piaget）说的“适应”。

内在准则不是铁板一块的另一个面向是，如果不被提醒，内在准则会被忽略，从而导致不诚实的行为；反过来，如果反复被提醒，内在准则就不那么容易被忽略。打个比方，在高速公路上开车时，时速要保持在120公里以下，如果路旁每隔一段距离就有一个“限速120公里”的标志，开车的人就不容易超速；反过来，如果路旁没有或只有少数限速的标志，开车的人就很容易超速。

诚实也能被测量
——搞创新的人不诚实？

心理学家如何测量一个人是否诚实呢？最常用的是问卷方式。公司或政府机关招聘时，人力资源部门往往使用由专家设计的问卷。问卷中可能包含以下问题：

1. 假如诚实地把真相完全说出来会带来麻烦，可以撒一个小小的谎？

2. 只要按照规章和政策的原则与精神行事，不必注意小节？

3. 按照公司规定，上班时不能使用网络处理私事，如果只是短短几分钟，处理一点重要的私事，是可以接受的？

4. 个人履历表中可以有些模糊、不完全正确的表述？

5. 顶头上司不在，可以稍微早一点回家？

6. 法律本乎人情，合情合理的行为可以稍稍逾越法律的规定？

答案有五个选项：（A）完全不同意，（B）不同意，（C）

没有意见，（D）同意，（E）完全同意。很明显，这些问题考核的是一个人诚实可靠的程度，可是，这种问卷方式的弊病是：有人会不诚实地回答这些问题，以便营造一个诚实的形象。

再回到那个场景，主任向总经理推荐一位年轻人，总经理反过来问了主任三个问题，第三个问题是：这些人格特质是各自独立的吗？它们相辅相成，还是可能相互抵触？

主任有条不紊地回答道："第一，许多心理实验的结果指出，智能和创新能力之间的关系是相当薄弱的；第二，有个尚未得到证实的假设，智能高是创新能力高的必要条件，而且高智能的门槛，是 IQ 等于 120。"

从常理来说，这两个说法都有可信之处。不过，让总经理意料之外的是，主任还讲到了第三点——"根据心理学家的研究，创新能力和不诚实这两个人格特质是有关联的"。

在小说里，我们常见到"邪恶的天才"这一类型的人，他们有创新能力，却不诚实、不可信赖。许多人把曹操列为头号奸雄，王莽、勾践、刘邦也可以上此榜。在金庸小说里的人物中，有人认为《笑傲江湖》中的东方不败是头号奸雄。美国有个人叫麦道夫（Bernard Madoff），他是美国历史上最大的诈骗犯，被判坐牢 150 年，现在还在狱中服刑。

心理学家指出，创新能力涉及两个重要因素——发散思维和认知弹性，也就是说，创新能力主要基于广阔的知识面和灵活的思考方式。因此，当一个有创新能力的人受到利益（如金钱、权力等）的诱惑时，很有可能会想到不同的方法，规避法律章程的限制或找出法律上的漏洞，并调整行为的内在准则，而做出不诚实的行为。

吉诺（Francesca Gino）和丹·艾瑞里（Dan Ariely）曾做过一系列实验，希望找出智能、创新能力和诚实这些人格特质之间的关系。参与实验的大约有100个大学生，他们都接受了两个不同的智能测验。两个测验结果的相关系数有高度的正向相关性，这表示这两个测验相当可靠地判断了受测者的智能。同时，他们也接受了三个不同的创新能力的测验，其中两个就是高夫的形容词检核表和霍瑟瓦尔的创意行为量表。同样，三个测验结果的相关系数也有高度的正向相关性，表示这三个测验相当可靠地判断了受测者的创新能力。同时，他们发现，两个智能测验的结果和三个创新能力测验的结果之间的相关系数，有些虽然是正相关，系数却相当低，甚至还有些是负相关。这印证了我们前面说过的，智能和创新能力之间的关联是相当薄弱的。

接下来，这两位心理学家设计了一个测量诚实的测验：在一张卡片上画一个正方形，连接正方形的左上角顶点和右下角顶点，把正方形分成上下两半。正方形里有20个随意分布的点，有些在上方，有些在下方。每次只能看一秒钟，看过之后，受测者要回答，在上方的点比较多还是在下方的点比较多。如果受测者说在上方的点比较多，会得到5分钱的报酬；如果受测者说在下方的点比较多，会得到前者的10倍，即50分钱的报酬。而且，有些点处在对角线上，既可以说它在上方，也可以说它在下方。结果，虽然实际上在上方的点比较多，但大多数受测者为了得到较多的报酬，硬说下方的点比较多，这就是不诚实的行为。

把这些测验结果整合起来，我们会发现，创新能力和不诚实之间的相关系数是正数，而且数值相当高。但智能和不诚实之间的相关系数，有一些是正数，但是数值相当低，而大多数都是负数。

最后，总经理叹了一口气，说："总经理这个位置也真不好坐。"

第2堂

如何轻松化解争端，快速达成共识

在现代社会中，双方对一件事情持相反意见的情况非常普遍，聪明人会利用和平、理性的讨论来达成共识。如果双方各执一端，造成群体的撕裂，最终会伤害到所有人。

古以色列的历史

大家都很熟悉古以色列所罗门王的故事，不过，趁这个机会让我们简单地复习一下。亚当和夏娃被逐出伊甸园之后，他们生了该隐、亚伯、塞特三兄弟和其他儿女。该隐务农，亚伯牧羊，因为彼此之间的妒忌，该隐在田里和亚伯打架，把亚伯打死了。上帝问该隐："你的兄弟亚伯在哪里？"该隐说："我不知道，难道照顾、看护我的弟弟是我的责任吗？"①

该隐和亚伯的故事，在西方文学里，常被用作"兄弟阋墙"② 的例子。曹操的两个儿子——曹丕和曹植，不能和睦共处，也是大家常常提起的故事。

塞特的第五代后裔（来孙③）以诺的曾孙，就是诺亚，上帝吩咐他造一艘方舟，带着畜类、鸟类和昆虫，避开洪水。40天以后，诺亚从方舟放了一只鸽子出去，当鸽子衔着一枝长有

---

① 英文为"Am I my brother's keeper"，是一句推卸责任的话。

② "阋"是争吵的意思，"墙"是门户，"兄弟阋墙"是指兄弟在家里头争吵，语出《诗经·小雅·常棣》。

③ 一个人的祖宗十八代，是指往上推九代：父、祖、曾祖、高祖、天祖、烈祖、太祖、远祖、鼻祖；和往下推九代：子、孙、曾孙、玄孙、来孙、晜孙、仍孙、云孙、耳孙。

新叶的橄榄枝回来，诺亚便知道洪水已经退了。今天，我们依然用橄榄枝代表和平和胜利。不过，在希腊和罗马神话里，还有其他故事对橄榄枝进行相似的解释。

诺亚有三个儿子，老大叫闪，老二叫含，最小的叫雅弗。闪的第八代后裔叫作他拉，他拉有三个儿子，其中一个就是亚伯拉罕（亚伯兰）。大约在公元前18世纪[①]，亚伯拉罕带领以色列人，从美索不达米亚平原移居迦南，后来因为饥荒，其后人又迁移到埃及。公元前14世纪[②]，摩西带领以色列人离开埃及，回到迦南，有摩西分开海水、渡过红海的故事。

以色列人在沙漠和西奈山附近漂泊近40年之后，再回到迦南。到了公元前1020年，面对外来侵略力量，各部族联合起来，由扫罗作为第一任国王。不久之后，扫罗被大卫[③]取代，以色列定都于耶路撒冷。大卫王把王位传给儿子所罗门（Soloman），所罗门死后不久，王国分裂，北为以色列王国，南为犹太王国。公元前722年，以色列王国被亚述所灭。公元前586年，犹太王国被巴比伦所灭。1917年，英国通过《贝尔福宣言》，支持以色列人建国，1948年5月14日以色列宣布建国，1949年5月11日以色列成为联合国成员国。

---

① 时间点在历史上仍有争议。

② 时间点在历史上亦有争议，参考《出埃及记》第十三章第十七节至第十四章第二十九节。

③ 有个有名的故事：大卫在扫罗王底下做事，非利士人来犯，其中有一个身高九尺、全身配挂着盔甲的巨人武士歌利亚，大卫用弹弓射出一块石头，穿过歌利亚盔甲上的一个小孔，正中他的前额，歌利亚倒在地上，大卫就冲上去，用歌利亚手中的刀砍了他的头，最终以色列人战胜了非利士人，大卫成为英雄。

睿智的所罗门王

接下来讲所罗门王的故事。所罗门王被认为是一个绝顶聪明的国王。根据《旧约·列王记》第三章第六节至第十三节的记载，所罗门请求上帝赐给他智慧，以辨别是非及管理百姓，上帝说："你不为自己求寿、求富，也不求灭绝敌人的生命，只求判断事情的智慧，我就应允你的请求，赐给你空前绝后的智慧；不过，你没有求的，我也赐给你，那就是富裕、尊荣和长寿。"

根据《旧约·列王记》第三章第十六节至第二十八节的记载，有一天，两个妇人来到所罗门王面前，第一个妇人说："我们住在一起，没有其他任何人，我生了一个孩子，三天之后，她也生了一个孩子。晚上她在睡觉时压死了自己的孩子，于是，她半夜爬起来，趁我睡着，把我的孩子抱去，放在她怀里，却把死了的孩子放在我怀里。天亮时，我起来要给我的孩子喂奶，发现孩子已经死去了，但是后来，我小心察看，发现那死了的不是我生的孩子。"第二个妇人说："不对，活着的孩子是我的，死了的孩子是你的。"第一个妇人说："不对，死了的孩子是你的，活着的孩子是我的。"

所罗门王重复了一遍这两个妇人的话，就吩咐他的手下说："拿刀来！"接着下令："把活着的孩子劈成两半，一半给这个妇人，一半给那个妇人。"第一个妇人欣然同意，第二个妇人则心疼孩子，对所罗门王说："把活着的孩子给她吧，万万不可劈成两半。"然后，所罗门王说："把活着的孩子给第二个妇人吧！她是这个孩子真正的母亲。"相信许多读者都知道这个故事，也了解所罗门王做决定背后的智慧：真正的母亲会真心疼爱她的孩子。

这件事可算作法律史上很早的一个案例，许多法学专家做了若干仔细的分析：

第一，所罗门王拥有上帝赐给他的聪明智慧，当这两个妇人来到面前时，他察言观色，就立刻知道哪个妇人是真正的母亲了。但是从现代法律的观点来看，明确的证据才能有力地支持法官的判决，因此，所罗门王要从这两个妇人的行为中找出判案的依据，让大家口服心服。

第二，有句成语叫作"恶人先告状"，当第一个妇人抢着说孩子是她的，也许正显示了她抢先发言的原因。

第三，第一个妇人说："死了的孩子是你的，活着的孩子是我的。"她先强调死的孩子，那是心虚。第二个妇人说："活着的孩子是我的，死了的孩子是你的。"那是她有信心，有底气。

第四，从犯罪动机上说，假如犯罪的动机只是"嫉妒"，那么很难判定哪一个妇人有更强烈的犯罪动机，但是精通犹太"律法书"（Torah）的法律专家，倒想出一个有趣的场景，可以用来解释第一个妇人有更强烈的犯罪动机。这个虚拟的场景是：这两个人的关系是婆婆和媳妇，第一个妇人是媳妇，第二个妇人是婆婆，她们两人的丈夫都已经过世了，至于是在婴儿出生以前或者以后过世，倒不是重点。

在犹太教的教义里，有“夫兄弟婚法”（Yebamoth），根据《申命记》第二十五章的记载：“弟兄同居，若死了一个，没有儿子，死人的妻不可出嫁外人，她丈夫的兄弟当尽弟兄的本分，娶她为妻，与她同房。”在这里就假设哥哥去世吧，如果弟弟不愿意娶寡嫂为妻，或者寡嫂不愿意嫁给小叔，他们必须在长老面前，举行一个脱鞋仪式：寡妇脱掉小叔子的鞋子，把唾沫吐在他脸上，并说：“凡不为哥哥建立家室的，都要这样待他。”娶寡妇这个制度的用意，是把家族延续下去。

回到争孩子这件事，如果活着的孩子属于媳妇，那么婆婆就有一个孙子，换句话说，儿子留下了子嗣，婆婆并不受“夫兄弟婚法”的限制；反过来，如果活着的孩子属于婆婆，那么媳妇就有一个小叔，按照“夫兄弟婚法”，她必须等到小叔 9 岁以后和他结婚，或者等到小叔 13 岁成年礼以后，举行脱鞋仪式，获得再婚的自由。因此，婆婆没有抢媳妇的孩子的动机，而媳妇却有不让婆婆抢到孩子的动机。从犯罪动机的观点来看，媳妇——第一个妇人，为了自己的利益，有强烈的犯罪动机。

历史上的相似点——包公审案

看了所罗门王的故事，我们发现，在不同的地区和不同的时间也有好几个相似的故事。

元代作家李行道把包拯[①]的故事写成杂剧，全名是《包待制智勘灰阑记》[②]。包拯不畏权贵、不徇私情、彰显正义，相信大家都听过《铡美案》，包拯在执法中展现了他的智慧。

下面讲一个包公判案的故事。

农民刘全向包公投诉，他家里一头牛的舌头被别人割掉了，包公知道后对刘全说："一头牛的舌头不值什么钱，一定是仇家所为。舌头被割掉后，这头牛大概也很难活下去了，你不如把牛宰了，把肉卖掉，我资助你一点钱，再买一头牛吧！"同时，包公发出告示："为了确保春耕春种，严禁私宰耕牛。有人告发私宰耕牛者，官府赏钱三百贯。"这个告示一

① 包拯，字希仁，北宋仁宗时代人，后世尊称他为"包公"和"包青天"。

② 包拯也被称为"包待制"，待制是宋朝时代的官名。宋朝有专门保存历史档案的机关，如龙图阁、天章阁等。这类机关中官阶最高的是学士，是正三品；其次是直学士，是从三品；再次是待制，是正四品。包拯当过天章阁待制、龙图阁直学士，所以也被称为"包待制"和"包龙图"。"勘"就是审问、调查的意思。

出，就有人来告发刘全。包公推测，村子里的人都知道刘全宰杀的那头牛是一头残废牛，来告发的人一定是和他有仇的人，也就是割掉牛舌的那个人！

还有一个包公审石头的故事。

一个小孩子提着一篮炸好的油条上街叫卖，卖了一个早上，累坏了，就靠在石头上睡了一觉。醒过来后，他发现篮子里卖油条得来的铜钱都被偷走了。包公路过，看见小孩子在哭，就说："你的钱一定被石头给偷了，我来审问这块石头，叫它把钱还给你。"大家听到包公要审石头，都围过来看热闹。包公装模作样，叫手底下的人用棍子拷打石头，引得众人大笑起来。包公说："你们这般不敬，每人罚一个铜钱。"然后吩咐手下的人拿出一盆水，叫看热闹的人每人拿出一个铜钱，丢到水里去。有一个人把铜钱丢到水里时，水面浮出一层油膜，包公说："就是你偷了那个油条篮子里的铜钱。"

李行道的杂剧《包待制智勘灰阑记》（简称《灰阑记》），一共四折。下面我们一起看一下它的故事内容。

郑州有个叫张海棠的女孩子，颇有姿色，聪明智慧，精通琴棋书画。因为家道中落，由其母做主，以一百两银子卖给当地家财万贯的马员外为妾。马员外也答应，张海棠过门之后，如果娘家缺柴少米，都由他支应。

然而，马员外的大老婆马大娘，是个浓妆艳抹、行为不检点的妇人，正如文中所说“我这嘴脸实是欠，人人赞我能娇艳，只用一盆净水洗下来，倒也开得胭脂花粉店”。而且马大娘和郑州衙门里的赵令史①有暧昧关系，她向赵令史要了毒药，想谋杀亲夫马员外。赵令史回应：“难道你有此心，我倒没此意吗?”

张海棠嫁给了马员外，过着清静、安定的生活，还生了一个儿子，叫作寿郎，已经五岁了。张海棠有一个哥哥叫张林，游手好闲、不求上进，跑到妹妹这边，想要点钱，妹妹说没有钱可以给。张林却正好遇到马员外的大老婆马大娘，马大娘自作主张，把马员外送给张海棠的首饰给了张林，作为张林外出的盘缠。张林的脑筋倒很灵活，想到马大娘和张海棠之间必定会有争执，搞不好会闹出官司，不如拿了首饰，赶快溜走。

寿郎五岁生日要到了，马员外到各寺院去烧香，为儿子祈福。回到家，看到张海棠许多首饰都没有戴上，感到奇怪，马大娘便趁机进谗言，说张海棠和奸夫在一起，被她逮个正着，张海棠还把首饰都送给了奸夫。马员外听了勃然大怒，动手打了张海棠，还气得生了病，叫张海棠煮一碗热汤给他喝。马大娘趁机在汤里偷偷放了毒药，马员外喝了汤后一命呜呼，张海棠吓得“胆飞魂散，不由得两眼泪千行”。

马大娘哭着说：“刚才员外还是好好的，怎么吃了你这一口汤便会死了？一定是你把员外毒死了。”张海棠哭着对马大娘说：“员外没了，家私大小我都不要，就让我带着寿郎走吧!”马大娘说：“寿郎是我一手养大的，费了多少辛勤！你

① 令史是当时县令手下的幕僚。

最好就把家财、房舍和寿郎都给了我，空手走出门去，否则我先到官府里控告你毒死亲夫，那可不是小罪名。”张海棠说：“我没有毒死亲夫，我怕什么，情愿和你见官去。”

马大娘的算计是，如果寿郎被张海棠带走了，寿郎到底是马家的子孙，长大后就要回来争家产了，因此吩咐赵令史先在衙门打点好，接下来，马大娘就扭着张海棠到郑州太守衙门去。

第二折里说，太守苏顺愦“虽则居官，律令不晓，但要白银，官事便了”。他绰号叫作“苏模棱”，就是做事没有原则、模棱两可的意思。苏模棱把幕僚叫上公堂，这幕僚正是赵令史。赵令史喝道：“张海棠，你为何毒死亲夫，强夺他的孩子，混赖他的家财，快快从实招来；若不招，大棍子招待。”

张海棠辩称说：“这孩子原来是我生的，请您传问接生的刘四婶、剃胎头的张大嫂及邻里街坊，便知分晓。”怎晓得这几个人拿了马大娘的钱，异口同声地说：“五年前马大娘生了个儿子，马员外也请我们喝满月酒，以后每年儿子生日，马员外都带着马大娘到各寺院烧香还愿，这是一城人都看见的。”

接生的刘四婶又说：“生产那一天，产房里黑洞洞的，不过产妇似乎是大娘子。”剃胎头的张大嫂说：“剃胎头那一天，大娘子把孩子抱在怀里，好像是她在喂奶给婴儿吃。”赵令史对张海棠说：“两人都说儿子是马大娘的，可不是你夺了她的孩子了？”赵令史更下令说：“这女子无赖、狡诈，不打不招，左右给我拉下去着实痛打。”

张海棠屈打成招，赵令史吩咐张海棠画了押，上了长枷，下令两个解子把张海棠解送到开封府定罪。

（第三折）两个解子一个叫董超，一个叫薛霸，他俩押着张海棠从郑州往开封府走，路上遇上风雪，董超和薛霸要张海棠拿点钱出来给他们买酒喝，张海棠说："我是委屈受罪的人，死在旦夕，哪有钱送给你们？你们就可怜可怜我吧！"

董超说："即使你有冤屈，也不是我们所带累的，又叫我们怎样可怜你呢？"一路上狂风乱刮、雪大路滑。正好，张海棠的哥哥张林在开封府找到一份打杂的小差事，被派去迎接出公差回来的包公。海棠一眼看见张林，先是说："莫不是我泪眼昏花？"仔细看了再说："原来正是无差！"便叫道："哥哥，你快来救你妹妹吧！"

可惜，张林不认人，掉头就走，张海棠赶上去扯住他衣服，唱道："他他他，不认咱，我我我，舍性命上前赶上他。来来来，听做妹妹的细说究竟，马大娘坑杀人，机谋狡猾，我就是为了把首饰给了你，才有把柄被她抓。"等张海棠把一切说清楚明白，张林就吩咐两个解子说："这是我的妹妹，一路上好好照顾她，我要去迎接包待制回府。"

这个时候，赵令史和马大娘上场了，赵令史说道："那张海棠有无亲人替她讨命？我给了董超、薛霸每人五两银子，叫他们在路上结果了她，可是没有听到他们的回话。事有可疑，我们得亲自走一遭，把底细弄清楚。"

两个人在雪地上走了一阵，也走到酒楼来，要买碗酒喝，驱驱寒。张海棠看到赵令史和马大娘走进酒楼来，叫张林赶快去抓奸夫淫妇，可是两个解子拿了人家的银子，就让赵令史和马大娘跑掉了。张林大怒，骂董超、薛霸说："我是开封府五衙都首领[1]，就打你们一顿，还怕你们告我吗？”

董超说：“你是上司，可以打我，这妇人是我管的囚犯，我也可以打她。”几个人拉拉扯扯，连酒钱都不付就跑掉了。

（第四折）包公在衙门登堂，自述道：“老夫立心清正，持操坚刚，唯与忠孝之人交接，不共谗佞之士往还。敕赐势剑[2]金牌，严惩贪官污吏，为百姓吐苦申冤，容老夫先斩后奏。”接着又说：“昨日看到郑州呈来的公文，说妇人张海棠下药毒死丈夫，抢夺正妻所生之子，此是十恶大罪。不过老夫想来，毒死丈夫，恶妇人也，倒是常有的事，只是强夺正妻所生之子，儿子怎可以强夺的呢？况且奸夫又无证据，恐其中会有冤枉。”

张海棠、张林、董超、薛霸来到包公面前，张林抢着替妹妹诉苦，包公说：“谁叫你讲话，念你因为兄妹之情，两次三番在公堂上胡言乱语，否则就把铜铡拿出来，切掉你这个驴头。张海棠，你详细说实话，老夫与你作主。”

张海棠说：“马员外对我很好，张林的确是我的亲哥哥，哥哥来要钱做盘缠，马大娘出主意叫我把首饰送给哥哥，却说我把首饰送给了奸夫，惹得马员外生气。”

包公问：“那么强夺孩子，又是怎么一回事呢？为什么那些街坊和接生、剃头的妇人，都说孩子是马大娘生的呢？”

张海棠说：“我是被棍打成招的。”

包公吩咐马大娘和街坊众人上堂，包公问：“这孩子是

---

① 府衙中吏员的头目。

② 尚方剑简称“势剑”，供天子及皇室使用，可以代表皇帝的旨意，由尚方监铸造。

谁的?”

马大娘说:“是小妇人生的。”

包公叫手下的衙吏拿石灰来,在地上画一个方框,把孩子放在方框里头,接着吩咐这两个妇人,把孩子从方框里拉到方框外去,谁拉出来,谁就是这孩子的亲娘。马大娘用力去拉,张海棠却不使一丝力气。包公喝令张海棠道:“我看你两次三番都不用力拉,手下来人,拿大棍伺候。”

张海棠说:“请大人息雷霆之怒,罢虎狼之威,我生下这个孩子,十月怀胎,三年哺乳,咽苦吐甜,煨干避湿,不知受了多少辛苦。现在两人硬夺这个孩子,中间必有损伤,倘或扭折他的胳膊,即使大人打死我,我也不敢用力把孩子牵拉出来。”

包公道:“马大娘要独占马家的家财,所以要强夺这个孩子,没想到这其中真假,早已不辨自明了。古人有言:‘视其所以,观其所由,察其所安,人焉廋哉?人焉廋哉?’①”

这时候,包公手下已经把赵令史带上来,包公下令“大棒伺候”,赵令史惧怕,只好把事情和盘托出。包公判道:“郑州太守革官为民,永不叙用;街坊老娘等各杖八十,流放三百里;董超、薛霸各杖一百,充军边疆;奸夫淫妇凌迟处死,各剐一百二十刀;所有家财都交付张海棠,孩儿寿郎携归抚养;张林也不要在衙门工作了,回家陪妹妹去吧。”

① 出自《论语·为政》。

孩子到底是谁的？

现在，我为大家介绍一下德国作家布莱希特（Bertolt Brecht）在1944年写的剧本《高加索灰阑记》[①]。

作者在剧中虚构了高加索地区一个叫作格卢西尼亚（Grusinia）的古老国家，戏剧有个序幕，作者用序幕中的故事来影射剧中的故事。序幕中的故事发生在第二次世界大战末期，当希特勒进军苏联时，高加索山区一个畜牧农庄的百姓被迫撤退，田园也因此荒芜了。不过，果园的百姓坚持在敌后打游击战，并继续耕耘那里的土地。德军撤退以后，畜牧农庄和果园的农夫对这块土地的主权起了争议，虽然这块土地原来属于畜牧农庄，但是果园农庄有比较周全的种植和灌溉计划，把这块土地养护得很好。后来，经过友好协商，双方决定这块土地由果园农庄来经营，借此更有效地发挥这块土地的作用。果园农庄为了表示庆祝和感谢，请来了著名的民间歌手和乐队，为大家唱歌、讲故事。

歌手讲了一个古老的传说，叫作《灰阑记》，据说是从中

① *Der Kaukasische Kreidekreis*，英文译为“The Caucasian Chalk Circle”。剧本前身是布莱希特写的小说 *Der Augsburger Kreidekreis*。

国传过来的，他们进行了改编。

在格卢西尼亚大公国里，有个叫“天怒”的城市（取“天怒人怨”之意），统治这个城市的总督叫作阿拔西威利，他富可敌国，娇妻貌美如花，孩子又白又胖、活泼健康。在复活节那一天，当总督带着家人去礼拜堂时，格卢西尼亚大公国的贵族发动了叛乱，总督被押去砍头了。

俗话说：“树倒猢狲散”，总督府里，家奴各自逃命，总督夫人娜塔莉亚只顾收拾财物，却把自己的独生子落下了。总督府的警卫兵西蒙奉命护送总督夫人逃命。西蒙的未婚妻是总督府里的女仆，叫作格鲁雪，他们分开时，西蒙和格鲁雪互相盟誓永不变心。当格鲁雪准备离开时，听到了婴儿的声音，似乎是在叫“救救我、救救我”，于是，她停下脚步，把婴儿带在身边。傍晚了，夜深了，黎明了，格鲁雪一直抱着婴儿，无数次躲开乱兵，最终悄悄地溜走了。乱军悬赏搜捕婴儿，以斩草除根。

格鲁雪冒着生命危险，历经千辛万苦，二三十天之后，终于踏上摇晃欲断的索桥，穿过了冰川，来到了自己的哥哥家里。不料嫂嫂吝啬刻薄，尤其是看到她没有结婚，却带来一个来历不明的孩子，不愿收容他们。同时，格鲁雪又染上猩红热，病倒在床，村民对此议论纷纷。

于是，哥哥想出了一个主意，让格鲁雪嫁给一个生命垂危的农民，好让她和孩子有个住处，格鲁雪也勉强同意了。不久，战乱已经平息的消息传来，那奄奄一息的新郎突然康复，原来他是为了逃避兵役而装病的。他赶走了来奔丧的客人，真把格鲁雪当作妻子了。

过了一些日子，西蒙回来了，发现未婚妻已经和别人结了婚，而且有了孩子，又气又恼。同时，总督夫人带着士兵来，要把孩子带走，格鲁雪被铁甲兵押进城了。这时，生母要讨回孩子，养母被送上法庭，谁来审案？

下一幕介绍了阿兹达克法官的故事。

阿兹达克原来是个村里的小文书，虽然玩世不恭，又爱喝酒，但并没有恶德败行，而且总是同情被压迫、被欺负的人。阿兹达克法官这次负责审判生母和养母争夺孩子的案件。显然，总督夫人要争得孩子的原因，是要取得总督遗留下来的财产。阿兹达克法官吩咐手下的人用粉笔在地上画了一个大圆圈，让孩子站在圆圈中间，然后，让格鲁雪和总督夫人朝相反的方向同时拉孩子，谁把孩子拉过去，孩子就是谁的。于是，总督夫人马上出手，把孩子拉了过去，格鲁雪则站在原地发愣。

阿兹达克问：“你怎么了？你为什么没有拉？”

格鲁雪说：“我请求您让我把孩子带大，直到他能够流利地说话，可不可以？”

阿兹达克下令再来一次测验，格鲁雪再度放开那个孩子，绝望地说：“我把他救出来的，难道要我把他撕成粉碎，我做不到！”

阿兹达克说：“如此这般，本庭已经确认了真正的母亲，格鲁雪，你带着孩子离开这里吧！”

阿兹达克把总督的家财充公，从中拨出一部分，建了一个儿童乐园，叫作“阿兹达克国”。

剧中的主题歌是：**你们要记取前人的教训，一切都应该归于照顾并关爱他的人。因此，孩子归于慈母，以期他长大成才；马车归于善驾的车夫，以期它平安行驶；山谷归于灌溉者，以期它开花结果。**

在佛教的故事里也有一个相似的案例。

有个妈妈带着婴儿到河边洗澡，女夜叉[①]看到这个婴儿，就想吃他。她先变成人形，从妈妈手中把婴儿骗过来，抱着婴儿就跑。妈妈从后面追上去说：“你为什么抱走了我的孩子？”女夜叉则说：“这是我的孩子。”

佛陀听到她们的争执，就说：“让我来解决这个争执。”佛陀在地上画了一条线，让女夜叉拉住婴儿的双手，妈妈拉住婴儿的双脚，说：“谁把婴儿拉过这条线，婴儿就属于谁。”当妈妈看着婴儿被牵拉的苦楚，就放开手了，佛陀向众人说：“她就是真正的妈妈。”

意大利民间故事里也有相似的案例。

有个女奴生了主人的孩子，按照法令，奴隶生了主人的孩子，就可以被释放，获得自由。但是，那个主人既想得到孩

① “夜叉”是梵文译音，Yaksha是男性，Yashini是女性，泛指形象丑恶、行动迅速、食人的鬼怪。

子，又想继续拥有这个女仆，因此，他否认这个孩子是他与女奴生的。智慧的阿丰素王说：“就把这个婴儿在广场上公开拍卖吧！”就在这时候，婴儿哭起来了，主人不忍心自己的骨肉被拍卖，就说出了真相。阿丰素王就把婴儿交给主人抚养，也让女奴获得了自由。

这几个故事中，法官、佛陀和国王等人运用他们的聪明智慧，把婴儿归还给真正的母亲或者真心爱护婴儿的人，这令人赞叹、佩服，也带来圆满而美好的结局。可是，在今天的社会里，当丈夫和妻子决定结束婚姻时，双方都是真正的父亲和母亲，孩子的监护权和抚养权该判给谁？这是一个复杂的法律和人情问题，过程中可能会产生很多不愉快甚至苦楚。

的确，今天的“所罗门王”是很难当的。进一步说，国家和社会是属于大家的，如果对某些事情持相反意见的双方，不能经由和平、理性的讨论达成共识，却反过来，各执一端，硬要把国家和社会撕裂成两半，这不是国家和社会之福，也不是负责领导国家和社会的“所罗门王”所乐见的。

第 3 堂
投票游戏中的数学思维

了解投票表决的真实过程，才能了解什么是真正的公平。

投票表决与数字

一个国家、城市、小区，或者一个公司、家庭，都是由若干成员组成的团体。这个团体如何下决定、怎么执行已拟定的政策，都得依照这个团体的章程或规则来进行。第三堂课里，我们就用政治学里常见的名词来陈述一些观念，这些观念也可以直接或间接应用于各种团体或组织。

民主（democracy）这个词源于希腊文，原意是：由全体具有一定资格的民众，用相等的权利做决定。民主制度又分为直接民主和间接民主，直接民主是由全体民众直接集体做决定；间接民主是由全体民众选出若干个代表，由这些代表代表民众做决定（当然这只是字面上的简单定义）。

本篇要讲的是投票表决的方法，特别是它背后的数学原理。让我们从古老的历史讲起。雅典是古希腊时期最重要的一个城市国家（city-state，也叫城邦），它不只是一个城市，也是一个国家。在城市国家中，公民大会（assembly）是最高的权力机构，每个年满 20 岁、没有亏欠国家任何债务的男性公民都是公民大会的成员。国家重大事项的决定，例如宣战、授予外来移民公民权等，都在国民大会上举手表决。不过，因为公民人数很多，举手表决的结果往往只能通过估算获得。

在公民大会上讨论的提案，要先经过议事会（council）的审核。议事会由来自10个族群的500人组成（每个族群以抽签的方式挑选50人，最终选出500人组成议事会）。

法庭审判采用陪审团制，没有法官主持。陪审员是从6000个候选人名单中抽签选出的，而这6000个候选人又是从所有公民中抽签选出的。与法律、犯罪行为相关的决定，在公民大会、议事会进行票决，或者由陪审团进行票决。任命领兵将军和财务官员等重要的人事任命，都是在公民大会上举行投票，依票数多寡决定的。如果将军在战争中打了败仗，那不可能是公民大会选错了，一定是他蒙骗了公民大会，所以他必须接受打了败仗的处分。财务官员必须懂得如何管理财务，而且有足够的财富来弥补管理上的错误或贪污行为所导致的公共财产损失，否则他们必须接受处分。

从这些简单的描述中，我们可以看出希腊民主制的基本原则：每个公民只要想参与公共事务，就可以参与，或者经过机会均等的抽签过程获得参与的机会。所有公民都被认为有同等的、足够的知识水平和判断力，没有带任何私心和偏见，对任何事项都有相等的决定权。因此，公民大会的决定，是最终的也是正确的决定。

相信很多读者马上会说，这是高度理想的民主制度，从现实的经验来看，一定有许多窒碍难行的地方。不过不必等到今天了，他们那个年代的柏拉图就不认同这种方式的民主制度。

柏拉图生于公元前427年，卒于公元前347年，是古希腊时代对哲学、逻辑、教育、宗教、数学乃至政治制度等都具有非常深邃的见解的学者。他是苏格拉底的学生，苏格拉底生于公元前 469 年，卒于公元前 399 年。（做个比较，孔子生于公元前 551 年，卒于公元前 479 年，也就是说，孔子比他们早了 100 多年。）

柏拉图反对单纯的一人一票、少数服从多数的民主制度。公元前 399 年，苏格拉底已经是 70 岁的老人，他因“不敬神明和蛊惑青年”的罪名被审判，最终，陪审团以 280 票对 221 票，判处苏格拉底死刑，这件事深深触动了柏拉图。他在《理想国》中，讨论了正义、政府的结构和公民权利等重要的概念。然而，到了晚年，柏拉图逐渐发现，他在《理想国》中所提出的政治理念，可能因为过于理想而无法实现，因此，他的想法逐渐有了一些改变。在他的最后一篇巨作《法律篇》① 里，他谈到选举和投票的过程，这在《理想国》中是没有提起的。

柏拉图对一个城市国家的架构和管理的想法是：以建立一个新的城市国家为例，一个城市国家应该有 5040② 户家庭，每户有一对夫妻、两三个小孩、一两个需要照顾的长辈和几个奴仆，一共十个人左右，因此，整座城市的人口大约是五万人。5040 这个数字怎么来的呢？5040 可以被 2、3、4、5、6、7、8、9、10、12、14、15、16 等数整除。其实，包含 1 和 5040 在内，5040 这个数字一共有 60 个约数。

对于这 5040 户家庭，为了分工也好，为了纳税也好，要

① 柏拉图借三人对话的写作方式，写成《法律篇》，提出他对法学、伦理学和教育学的看法。这里只抽取《法律篇》中的一小部分。

② 5040 不能被 11 除尽，但如果减少两户，5038 可以被 11 除尽，所以 5040 是柏拉图认为的理想户数。

把所有家庭分成若干等分，都相当方便、可行。以城市中心点为圆心，全城的地就像一块比萨，分成12等分，每片由420户人家平分，每户分到两块地，一块离城市中心比较近，供居住使用；另外一块离城市中心比较远，供耕作使用。这两块地和城市中心的距离、土地的肥沃与贫瘠程度都可以调整，以尽量达到公平。土地权属于国家，住户不能自行合并、分割、买卖土地，每户人家都必须维持最低收入，最高收入不能超过最低收入的4倍。因此，所有家庭会按照财富多少分成四个阶层。男性和女性市民都要结婚生子，为国家生育优秀的下一代；35岁还没有结婚的男性，每年要付一笔独身税①，而结婚10年后依然不孕不育的夫妇必须离婚。

柏拉图提出的许多规则，可以说是出于良法美意，但我们在此不做讨论。我们的主题是，在一个群体中，应该如何选拔人才。

柏拉图认为选拔人才时“人人平等、一人一票”的做法，完全忽视了教育、财富和经验的差异，并不是对国家最有利的做法，也因此提出了不同的选拔方式。远在两千多年以前，柏拉图就已经想到了许多我们现在考虑的重点：选拔人才的第一步是审查资格，候选人的教育程度和经验都必须达到一定程度，家庭背景也被列入考虑范围；有些职位还有年龄的上下限，例如必须年满50岁，但超过70岁就必须退休。换言之，一个超过60岁的候选人，任期就不会超过10年。用今天的眼

① 请不要觉得这是一个不合理的想法，这和现在许多国家的税法相似，已婚夫妇在税率上享有特别减免。

光来看，以学历和经验作为选拔人才的标准，大家都没意见。可是，如果把家庭背景、性别和年龄等作为标准，往往会被视为一种歧视。现在有些国家，没有设置教授的退休年龄，一个考虑就是避免被认为有年龄歧视。

选拔时，采取分阶段淘汰制，公民们可以反复思考，避免错误决定。最重要的职位是负责守护法令、规章的守护者（Guardian），一共有 37 名。为什么是 37 呢？柏拉图没有做详细解释，但很明显，37 是奇数。选举的第一轮，每个公民都可以提名，把候选人的名字写在板子上，公开展示，同时也把自己的背景资料罗列出来。对候选人和提名人持反对意见的人，都可以提出异议，如果在 30 天内没有人反对这个异议，该位候选人就会被除名。得票最多的 300 个候选人，就是第一轮出线的名单。

第二轮，从这 300 个候选人中选出 100 个；第三轮，从这 100 个候选人中，选出最后的 37 位守护者，但是在第三轮投票之前，柏拉图加上了一个条件——投票的人必须“在呈给上天的祭品前，庄严地踏步前行”，表面上看，这是表示投票须郑重，但隐藏的信息是：只有富有的人才买得起祭品。

议事会的 360 个成员是如何选出来的呢？首先，把全体市民分成 12 个族群，每个族群有 30 个代表（可以不是 30 个）；然后，再把全体市民按照财富多寡分成四个阶层，每个阶层最终选出 90 个代表（必须是 90 个）。

选举为期五天，第一天，全城所有公民要从最富有的一个阶层中，选出若干个候选人，每个公民都必须参与投票，否则会被处罚；第二天，从第二富有的阶层中，选出若干个候选人，每个公民也都必须参与投票；第三天，从第三富有的阶层中选出若干个候选人，但只有三个富有阶层里的公民必须参与投票，最贫穷阶层的公民可以不参加投票；第四天，从最贫穷的阶层里选出若干个候选人，但只有第一富有和第二富有阶层的公民必须参与投票。为什么柏拉图会想出这种看起来相当复杂的方法呢？他的主要目的，是让富有阶层的公民对选举有比较大的影响力，他们可以四天不工作，全身心参与投票选举的过程；而贫穷阶层的人为了谋生，无法四天不工作，因此，贫穷阶层的公民反而对自己阶层的候选人的影响力比较小。以现在的观点来看，把选举的时间拖得愈长，歧视和排挤贫穷阶层的力量愈大。

到了第五天，所有的公民都要参与投票，以多数决的方法，从全部候选人中选出该阶层最后的180位候选人，再以抽签的方式，从这180位候选人中，决定该阶层在议事会的90位代表。为什么要加上抽签的步骤呢？它是平息纠纷和埋怨的手法，因为最后的一切都是上天注定的、随机的。在议事会中，每一个阶层有90个代表，从数字上看，似乎很公平。但是，贫穷阶层的总人数，往往比富有阶层的人数多很多。所以，这种选举又成了一种排斥穷人的手段。

柏拉图还讲了如何选举其他公职人员，包括负责管理治安、公共设施的人员和教育、音乐、舞蹈和体操的评审人员等，选择的方法主要采用“资格审”——什么位置需要什么资格、谁来负责审核流程；接下来是投票——什么职位进行公开投票、什么职位进行秘密投票，以及如何防止贿选等。除此以外，有时还会用抽签方式，有些职位也会按照族群、阶层分配名额。

有两个值得一提的特点：负责教育的主管，是所有职位中唯一一个必须由男性任职的职位；神职人员是通过世袭或抽签选定，不经过投票选举。

从这些非常简单的描述中，我们可以看到，柏拉图对民主制度有许多深入、睿智的见解，对于这样一种把人人平等、社会和睦、重视经验和能力及权衡事情轻重等观念融合在一起，再加上一个“大事由天定”的撒手锏的民主制度，我相信诸位一定会说：“太阳底下，的确无新事。”

多数决

投票可以是秘密进行的，也可以是公开进行的。公开投票的基本精神，是每个选举人都保持公平、诚实和独立的态度，不受别的选举人影响，也不在乎别的选举人和候选人能否知道他的选择。反过来，在秘密投票中，选举人单独做决定，而且选票不记名，一方面是为了避免让选举人得罪候选人；另一方面也是为了避免贿选，因为受贿的选举人无法证明，他确实把票投给了金主。

来看一个古罗马时代的例子，故事主人公是小普林尼①，古罗马时期一位著名的律师、法官和作家。公元105年6月24日，有人发现了一位参议员的尸体，他是自杀的，还是吩咐别人把他杀死的，抑或是被谋杀的？如果不是自杀，最明显的、

① 值得一提的是，小普林尼曾亲眼看见发生在公元79年8月24日的维苏威火山（Mount Vesuvius）大爆发，火山爆发产生的岩浆和土石流，淹没了庞贝（Pompeii）、斯塔比亚（Stabiae）和赫库兰尼姆（Herculaneum）等大城市，丧生的人数大约是16000人，这几个古城被埋在地下，直到18世纪才逐渐被挖掘出来。庞贝古城现在是一个知名的旅游景点。火山爆发的那天早上，小普林尼和他的叔叔老普林尼在离维苏威火山约20千米的住处休息。火山爆发时，老普林尼开着船去拯救灾区的难民，也因此丧生。小普林尼把看到的一切很详细地写了下来，他的记录是迄今为止对此事最早、最完备的记录。

唯一的犯罪嫌疑人就是奴仆。这个案子正好由小普林尼主持讨论和表决。对犯罪嫌疑人有三个可能的判决结果：无罪释放、放逐和死刑。在讨论的过程中，他估计赞成无罪释放的票数会占 40%，赞成放逐的票数占 30%，赞成死刑的票数占 30%。小普林尼倾向无罪的判决，于是提出对三个方案进行多数决的表决方法，以为可以取得无罪释放的结果。可是，他的心思被别人看出来了，赞成死刑的投票人反将了他一军，转投赞成放逐的阵营，结果最终以 60% 的比例通过了放逐的决定。

借由这个例子，我们可以看出，多数决表决方法的基本精神，是每个投票人都凭着良知，诚实地选出他认为最公平、合理的决定，否则，这个表决方法就很容易被做手脚。

其实，三选一的投票，也可以简化成两次二选一的投票。在上述的例子中，第一次投票时，先决定犯罪嫌疑人是否有罪；会有 60% 的人认为他有罪（赞成死刑的 30%，再加上赞成放逐的 30%）；决定犯罪嫌疑人有罪之后，再投票决定惩罚该是放逐或死刑，因此会有 70% 的票赞成该罪犯被放逐（赞成放逐的 30%，再加上赞成无罪释放的 40%）。其实这也是今天普遍的做法，先决定是否有罪，确定有罪后，再决定惩罚的轻重。

还有另一个方法，第一次投票决定犯罪嫌疑人的死活，会有 70% 的票赞成犯罪嫌疑人可以活；第二次投票是在罪犯可以活的前提下进行，决定惩罚该是放逐或死刑，因此，赞成罪犯被放逐的票占 60%，也就是赞成放逐的 30% 加上赞成死刑的 30%。

从这个例子中，我们可以看到一些微妙的数学运算，赞成无罪释放的票数多于赞成放逐和死刑的票数，但是在少于放逐和死刑票数总和的前提下，三种投票的结果都是放逐。请记得，在多数决的表决方法中，赞成死刑的票会转投给赞成放逐。换句话说，无罪释放和死刑是两个极端的结果，放逐在两者中间，在运算中，极端的票往往会向中间移。

从古希腊到古罗马时代，选举方法没有什么突破性的发展，多数决和抽签似乎足以应付比较简单的事件。从政治的角度来看，许多决定的制定都是由上而下的，而不是由下而上的。

选举淘汰赛

13 世纪的西班牙哲学家雷蒙·卢尔（Ramon Llull），称得上是探讨选举方法的先驱者，他在一本小说中写下了这样一个故事：

修道院女院长去世了，要从院里的修女中选出一位新院长，其中一位修女就提出了一个选举方法。方法大概是这样的：在选举开始前，每个修女发誓，绝对真心实意，不妒忌，更不会交换串通。选举开始后，第一步，以多数决的方法，从 20 个修女中选出 7 个选举人，同时也是候选人。换句话说，她们有选举权，也有被选举权。第二步，也可以说是这个选举方法的独创，7 个候选人一对一配对，配成 21 对，每一对候选人由另外 5 个候选人票选，以多数决选出一对优胜者，优胜者得 1 分、失败者得 0 分，如此一来，得分最多的候选人就当选为院长，当然，也可能会有得分相同的情形。

讲到这里，棒球迷就会恍然大悟了，很多国家的棒球联盟都借鉴了这个评分机制。棒球联盟里的队伍两两打比赛，到了季末，按照胜负的记录决定谁是冠军。用现代的语言来说，就是单循环赛和多循环赛。

无论是 7 个或若干个候选人，还是 7 支或若干支球队，一对一比赛，一定可以给他们排序，第一胜第二，第二胜第三……第六胜第七。然而，第一胜第二、第二胜第三，并不表示第一胜第三或第一胜第四。用数学的语言来说，这个顺序是非传递性的，同时也可能有好几个这样的排序。那么，在什么情形之下会有一种传递性的排序呢？一个明显的条件是，这 7 支队里有一队全赢，有一队只输一场，有一队只输两场……有一队全输。另一个同等的条件是，没有甲胜乙、乙胜丙、丙胜甲这种三角循环①。

回到两两对抗的计分方法，前面说到，胜方得 1 分、负方得 0 分。选举中，可以按照候选人的得票数来计分，假如在候选人甲和乙的对决中，5 个选举人里的三票投给甲，甲得 3 分，两票投给乙，乙得 2 分，最后把每个候选人得的分数加起来，分数最高的人当选。但是这明显会引起一些问题，例如甲和其他人对决时，都以 3 比 2 获胜，乙除了以 2 比 3 输给甲之外，和其他人对决时，都以 5 比 0 获胜，按照胜方得 1 分、负方得 0 分的计算方法，甲得 6 分、乙得 5 分，由甲当选。但是按照得票数计算，甲得 18 分、乙得 27 分，乙就当选了。

在许多足球比赛中，胜方得 3 分，负方得 0 分；踢平的时候，双方各得 1 分。假如某一队在两场比赛中获得一胜一败，共得 3 分；另一队在两场比赛中都踢平，一共得 2 分；到底哪

① 三角循环也可以被叫作“剪刀、石头、布”的循环：剪刀剪布，布包石头，石头砸剪刀。

一队是比较好的球队呢？在两两对抗里，胜方和负方应得的分数可以说是凭靠经验法则，没有绝对的正确选择。

让我们回到雷蒙·卢尔所提议的选举院长的方法。第一步，从 20 个修女中以多数决选出 7 个选举人，但她们同时也是候选人。一个可能改变的方法是：如果这 7 个选举人兼候选人，认为除了自己之外还有其他适当的人选，她们有权利再加上 2 个额外的候选人，但是这 2 个人没有选举权。这个做法的好处是，避免大家认为原来的 7 个人可以关起门来独断专行。接下来，这 9 个候选人就像上面讲的一样，进行两两对抗。

但是这中间有一些需要考虑的细节：首先，当一个有选举权的候选人和一个没有选举权的候选人对决的时候，只有 6 个选举人可以投票，如果结果是三对三的话，让这两个候选人各得半分。所有对决结束后，可能有 2 个或 2 个以上的候选人，得到相同且最高的分数。处理的方法之一是，只看这几个候选人之间的对决结果，每个选举人都会真心诚意投票，因此就没有必要让得分相同的候选人重新对决。虽然在现实的情形下，选举人可能会改变原来的决定，但只要检验他们彼此对决投票的结果即可。假如有 2 个候选人同时得到最高的分数，就用两人之间对决的结果来决定谁当选。但是，一个有选举权的候选人和一个没有选举权的候选人之间，可能会形成三对三的平手；又假如有 3 个候选人同时得到最高的分数，但是她们在两两对抗中各得 1 分，换句话说，甲胜乙、乙胜丙、丙胜甲，该怎样打破僵局呢？这时，可以比较每个候选人在所有两两对抗中所得票数的总和，不然就抽签，听凭天意。

这个选举方法还有另一个值得思考的面向，7 个候选人有

21 场对决，9 个候选人有 36 场对决，20 个候选人有 190 场对决……进行那么多场对决，会花费很多时间。如果是棒球或篮球比赛，场数愈多，门票收入愈多。但是修道院院长的选举，既不卖门票，也没有广告收入，还是速战速决为妙，因此雷蒙·卢尔提出另一个选举的方法：两个候选人对决后，输的被淘汰，赢的再和其他没有被淘汰的候选人对决，直到剩下最后一个人。这样一来，最后没有被淘汰的候选人，就当选为修道院院长。

一对一的单挑赛

喜欢运动的人马上就能看出来，在网球、柔道等多种运动比赛中，单淘汰的比赛方式，正是一对一的单挑赛的演变。参加比赛的选手两两对抗，输掉一场就被淘汰出局，最后一场都没有输的选手就是冠军。这种比赛机制，用现代的语言来说就是单淘汰赛。

循环赛式的选举方法和单淘汰赛式的选举方法有几个较为不同的地方：第一，两个选举方法的结果可能会不一样；第二，单淘汰赛可以节省许多时间，n 个候选人只需要对决 $n-1$ 次，而在循环赛中，n 个候选人需要对决$\frac{n(n-1)}{2}$次；第三，循环赛的结果，是把所有候选人做个排序，也就是说，除了第一名，还有第二名、第三名……他们可以作为候补，淘汰赛的结果，则没有第二名或第三名。

当然，最重要的一个问题是：在淘汰赛中，候选人两两对抗的先后次序可以有不同的安排。淘汰赛是不是真的可以选出最好的院长呢？例如，甲、乙、丙形成三角循环，对决的次序就会直接影响结果。你可以验证一下，如果甲和乙先对决，丙会胜出；如果甲和丙先对决，乙会胜出；如果乙和丙先对决，甲会胜出。

15世纪初期，德国哲学家、神学家尼古拉斯·库萨（Nicolaus Cusanus）经历了大主教的选举过程后，发现选举过程复杂且旷日持久，因此提出了一个新的选举方法。例如，有10个候选人，把这10个候选人的名字分别写在10张纸条上，一共准备10份。分给每个选举人（假设候选人不会同时是选举人）一份，每个选举人按照自己的判断，给这10个候选人，也就是这10张纸条排序。按照排序打分数，排第一的得9分，排第二的得8分……排第十的得0分。最后，再把纸条交给一位公正的计数员，汇总每一位候选人得到的分数，分数最高的当选。这也是今天常用的选举方法之一，简称“排序决”。当然，计分的方法可以有许多不同的变化，例如排第一的得99分，排第二的得95分，排第三的得80分等，最后的结果可能就会完全不同。

到了19世纪，两位法国数学家——博尔达（Jean Charles de Borda）和孔多塞（Marquis de Condorcet）对排序决提出了新的想法。他们认为，按照候选人的排序打分数，最高的得 $n-1$ 分，逐一递减，最低的得0分，这虽然挺合理，但是无法证明这就是最适当的做法。第二，他们用例子指出，一个候选人，即使没有任何选举人把他排在第一位，还是有可能当选。具体如下：假设有4个候选人A、B、C、D和30个选举人，其中11个选举人的排序是{A,B,C,D}，10个选举人的排序是{D,B,C,A}，9个选举人的排序是{C,B,D,A}，算出来的结果是：A得33分，B得60分，C得48分，D得39分。所以，虽然没有任何一个选举人把B排第一，但B还是顺利当选。

第三，一个看似实力非常薄弱的候选人，也可能对选举结果有着很大的影响。假设有 2 个候选人 A 和 B，有 100 个选举人，其中 51 个选举人的排序是{A,B}，49 个选举人的排序是{B,A}，那么 A 得 51 分，B 得 49 分，A 当选；但是，假设有第三个候选人 C，51 个选举人的排序是{A,B,C}，46 个选举人的排序是{B,A,C}，3 个选举人的排序是{B,C,A}，请注意，100 个选举人里有 97 个都把 C 排在第三，只有三个选举人把 C 排在第二，但算出来的分数是：A 得 148 分，B 得 149 分，C 得 3 分。因为 C 出来“搅局”，结果 B 当选了。

讲到这里，让我们比较一下多数决、排序决和单循环对决。先说明一下，单循环对决背后的数学分析比较复杂，也很难和多数决与排序决做比较。

在这里，我们只讲一个特例——传递性的单循环对决。有 A、B、C 三个选举人，在两两对抗中，如果 A 胜 B 且 B 胜 C，那么 A 一定胜 C，这就等于选举人对所有的候选人，有一个先后的排序。不过，排序决和传递性的单循环对决是不同的，即使排序相同，但由于计分方式不同，结果也可能不同。

让我们看一个简单的例子：有 3 个候选人 A、B、C，有 5 个选举人，3 个选举人的排序是{A,B,C}、2 个选举人的排序是{B,C,A}。在多数决中，A 以最高票数 3 票当选。在排序决（假设排第一得 2 分，排第二得 1 分，排第三得 0 分）中，则 A 得 6 分，B 得 7 分，C 得 2 分，B 当选。在单循环对决中，A 对 B 以 3 比 2 胜，A 对 C 以 3 比 2 胜，B 对 C 以 5 比 0 胜，所以 A 得 2 分，B 得 1 分，A 当选。这个例子说明，即使选举人对候选人已经有固定的排序，选举方法不同，选举结果可能大不相同。

在什么情形之下，多数决、排序决和单循环对决的结果会一样呢？首先，我们讲一个充分条件[①]，假设有 n 个候选人，候选人 A 在多数决、排序决和单循环对决中都当选的充分条件是：把 A 排在第一的选举人的数量，除以所有选举人的数量，大于 $1-\frac{1}{n}$。例如 n 等于 3，有 3 个候选人，有 100 个选举人，把 A 排在第一的选举人的数目在 67 以上，就能保证 A 一定当选。当然，在多数决里，只要有 51 个选举人把 A 排在第一，A 就当选了。但是，在排序决中，这是不足以保证的。例如有 60 个选举人的排序是 A 排第一、B 排第二、C 排第三，有 40 个选举人的排序是 B 排第一、C 排第二、A 排第三，得分规则是第一得 2 分、第二得 1 分、第三得 0 分，则计算结果为：A 得 120 分，B 得 140 分，C 得 40 分，B 当选。如果有 67 个选举人的排序是 A 排第一、B 排第二、C 排第三，33 个选举人的排序是 B 排第一、C 排第二、A 排第三，则计算结果为：A 得 134 分，B 得 133 分，还是 A 当选。又如，n 等于 5，有 5 个候选人，有 100 个选举人，则把 A 排在第一的选举人至少要有 81 个，如此才能保证 A 在这三种选举方法中都能当选。

不过，又有一个特例，如果选举人的数目少于候选人的数目，A 就必须得到全部的票，才可以在这三种选举方法中都当

① 充分条件的意思是，如果满足这个条件，三个选举办法的结果肯定相同；但如果不能满足，三个选举办法的结果也有可能相同。

选。例如，有 5 个候选人和 4 个选举人，3 个选举人把 A 排在第一，把 B 排在第二；1 个选举人把 B 排在第一，把 A 排在第五。那么，在多数决里，A 会当选；然而，在排序决里，A 得到 12 分（4 × 3 = 12），B 得到 13 分（3 × 3 + 4 × 1 = 13），B 会当选。①

接下来再讲一讲当选的必要条件②。假设一共有 3 个候选人和 3 个以上的选举人，候选人 A 当选的一个必要条件是：把 A 排在第一的选举人的数量的 2 倍大于不把 A 排在第一的选举人数量；同时，把 A 排在第一的选举人数量大于把 A 排在第三的选举人数量。换句话说，如果把 A 排在第一的选举人数量的 2 倍少于不把 A 排在第一的选举人数量，那么在多数决中，A 肯定不会当选；如果把 A 排在第一的选举人数量少于把 A 排在第三的选举人数量，那么在单淘汰或单循环对决里，A 肯定不会当选。你如果感兴趣，可以用具体的数字来验证一下这个结果。③

---

① 假如有 n 个候选人、$n-1$ 个选举人，$n-2$ 个选举人把 A 排第一，把 B 排第二，剩下 1 个选举人把 B 排第一，把 A 排最后，A 得到的分数是 $(n-2)(n-1)$，B 得到的分数是 $(n-2)(n-2)+(n-1)$，$(n-2)(n-1)$ 的值不可能会大于 $(n-2)(n-2)+(n-1)$。

② 必要条件的意思是，如果不能满足这个条件，三个选举办法的结果肯定不会相同；但是即使满足了这个条件，也不能保证结果会相同。

③ 假设有 3 个候选人 A、B、C，x 个选举人的排列是{A,B,C}，y 个选举人的排列是{A,C,B}，z 个选举人的排列是{B,A,C}，u 个选举人的排列是{B,C,A}，v 个选举人的排列是{C,A,B}，w 个选举人的排列是{C,B,A}，在多数决中，$x+y>z+u$ 且 $x+y>v+w$，因此 $2(x+y)>z+u+v+w$，A 才能当选。在单循环决中，$x+y+v>z+u+w$ 且 $x+y+z>u+v+w$，因此 $2(x+y)>2(u+w)$，即 $x+y>u+w$，A 才能当选。在排序决中，$2x+2y+z+v>x+2z+2u+w$（即 $x+2y+v>z+2u+w$）且 $2x+2y+z+v>y+u+2v+2w$（即 $2x+y+z>u+v+2w$），因此 $3(x+y)>3(u+w)$，即 $x+y>u+w$，A 才能当选。

最后，我想说的是，当我们在讨论上述几个选举方法的时候，都忽略了一种情况——平局。假如选举时两个候选人票数相同，该怎么处理？最简单的处理方法就是抽签，一切听天由命。但是，也有一些合理的处理方法，在这里就不细讲了。

概率分析

在许多欧美国家的法庭，有法官审判和陪审团审判两种方式。简单来说，法官审判是由一位法官聆听原告和被告提出的证据和理由，做出有罪或无罪的判决；陪审团审判是由若干个陪审员取代法官的职责（虽然实际操作中，往往是先由陪审团做出有罪、无罪的决定，如果有罪，再由法官量刑）。陪审团通常由 7—12 个陪审员组成，陪审员都是普通的老百姓，因为设立陪审团的目的是由公众做有罪、无罪的判决。审判的时候，陪审员按照自己的判断，对被告投下有罪或无罪的票，全体陪审员投票的结果，决定着被告的罪名是否成立。所以，一个很重要的问题就是，什么样的票数决定着罪名是否成立。

目前，美国法庭上的陪审团一共有 12 个陪审员，在刑事案件中，判决全票通过方可生效。英格兰法庭上的陪审团一共有 12 个陪审员，必须有 10 票以上，才能决定某一罪名是否成立；苏格兰法庭上的陪审团一共有 15 个陪审员，但是只要 8 票就足以决定某一罪名是否成立。美国和英格兰的陪审制度下，会有陪审团不能取得一致意见（hung jury）的可能，就需要按照法律程序进行复审；苏格兰的陪审制度实行多数决，因此没有那个可能。

18 世纪时，法国数学家拉普拉斯（Pierre-Simon Laplace）提出用概率的观念来分析投票选举，分析时以陪审团的评审制度为案例。

在过去的讨论中，我们都假设选举人或陪审员的智慧和经验无比丰富，因此他们的决定绝对正确。拉普拉斯则假设一个陪审员做出正确判断的概率是 x，做出错误判断的概率则是$1-x$。不过，在陪审员有充足的智慧和经验的前提下，假设$x>\frac{1}{2}$；而且，为了简化演算和分析，假设 x 的数值在$\frac{1}{2}$和 1 之间的分布是均匀的，更进一步假设每个陪审员做出正确判断的概率都是 x。用 n 代表陪审员的数目，如果 p 个或 p 个以上的陪审员判断一致，判决就成立。拉普拉斯推导出来的结果为：判决错误的概率是：$\frac{1}{2^{n+1}}\left[1+\frac{n+1}{1!}+\frac{(n+1)n}{2!}+\frac{(n+1)n(n-1)}{3!}+\cdots+\frac{(n+1)n(n-1)\cdots(p+2)}{(n-p)!}\right]$，用这个公式就可以把判决正确和判决错误的概率算出来。

让我们代入具体数字演算一下。假设有 12 个陪审员，则他们的判断必须一致，有罪或无罪的判决才能成立，判决错误的概率是$\frac{1}{2^{13}}=\frac{1}{8192}$，差不多是 0.01%；如果票数比是 10 对 2，判决就能成立，判决错误的概率是$\frac{1}{2^{13}}\times\left(1+\frac{13}{1!}+\frac{13\times12}{2!}\right)=\frac{92}{8192}$，大约是 1%；如果是 9 对 3，判决就能成立，判决错误的概率大约是 4.6%；如果是 8 对 4，判决就能成立，判决错误的概率大约是 13%；如果是 7 对 5，也就是多数决，判决就能成立，判决错误的概率高达 $\frac{2380}{8192}$，就大约是 29% 了。

19 世纪，在英国牛津大学任教的作家、数学家道奇森（Charles Dodgson）① 对选举方法提出建议（可以称之为“去弱留强”）。每个选举人对候选人进行排序，在所有排第一的候选人中，得票最少的就被淘汰出局；继续对剩下所有排第一的候选人进行排序，再把得票最少的淘汰出局……这样反复淘汰，最后剩下的候选人当选。

看一个简单的例子，有 3 个候选人 A、B、C，有 5 个选举人。第一轮投票，2 个选举人的排序是{A,C,B}，2 个选举人的排序是{B,C,A}，1 个选举人的排序是{C,A,B}。以排第一的票数来算，A 得 2 票，B 得 2 票，C 得 1 票，C 被淘汰；第二轮，{A,C,B}的排序变成{A,B}，{B,C,A}的排序变成{B,A}，{C,A,B}的排序变成{A,B}，以排第一的票数来计算，A 得 3 票，B 得 2 票，B 被淘汰，A 当选。

这个例子体现了“去弱留强”有争议的地方：第一轮投票，2 个人说 A 比 C 好，3 个人说 C 比 A 好，2 个人说 B 比 C 好，3 个人说 C 比 B 好，结果 C 一开始就被淘汰了。但是，如果这是一对一循环决，则 C 应该当选；如果是按照排序决的方法计算，A 得 5 分，B 得 4 分，C 得 6 分，也是 C 当选。其实，“去弱留强”和多数决都是以排第一名为标准，因此在很多选举人心目中排第二或第三的候选人，往往就会被淘汰。

---

① 道奇森虽然在数学上有不少的研究成果，但最有名的是以刘易斯·卡罗（Lewis Carroll）为笔名写的儿童读物《爱丽丝梦游仙境》和《爱丽斯镜中奇遇记》。

法国数学家孔多塞提出一个合理且严格的标准——真正的胜利者，是在所有两两对抗中都获得胜利的候选人，因此人们也称该胜利者为“孔多塞胜利者”。但是有几个有趣的问题：

第一个问题是，经过单循环对决后，如果没有孔多塞胜利者该怎么办。

像棒球比赛一样，我们可以让得分最多的候选人当选；或者参考足球比赛，在两两对抗的时候，比较得票的多寡。然而，道奇森却提出了一个不同的想法：想办法收买选举人，改变他们的排序。假设收买一个选举人，让他交换两个相邻候选人的位置，价格是一块钱，则需要付出最低价而变成孔多塞胜利者的候选人就当选。

举个例子，有4个候选人A、B、C、D，有11个选举人，他们的排序分别是：{A,D,C,B}、{A,D,C,B}、{A,B,D,C}、{A,B,D,C}、{B,C,A,D}、{B,C,A,D}、{B,D,C,A}、{C,B,D,A}、{C,B,D,A}、{C,B,D,A}、{D,C,B,A}，则单循环对决的结果是：

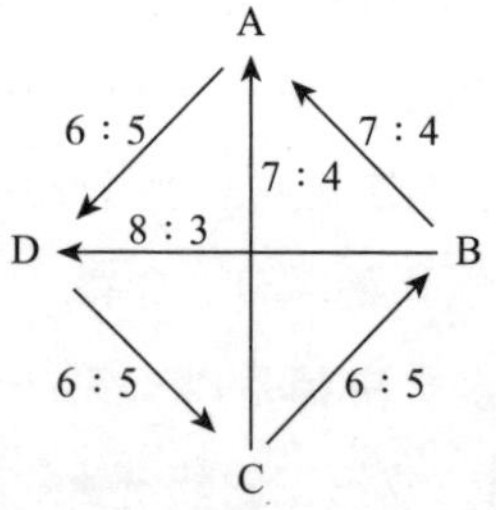

如果第一个选举人把排序从{A,D,C,B}改成{A,C,D,B}，C就是孔多塞胜利者；如果第十一个候选人把排序从{D,C,B,A}改成{D,B,C,A}，B就是孔多塞胜利者。

但是，对候选人来说，计算如何花最少的钱成为孔多塞胜利者，是相当复杂的一件事。用表示算法复杂度的术语来说，它属于 NPC 问题（NP-Complete）。

第二个问题是，我们可以找到例子，证实多数决和排序决的胜利者不一定是孔多塞胜利者。

在排序决中，按照 n 个候选人的排序给他们 $n-1$，$n-2$，…，0 分，有人会问：是不是可以改变给分的办法，让排序决的胜利者一定是孔多塞胜利者？答案是不可能，请看以下的例子。

有 3 个候选人 A、B、C，有 81 个选举人，其中：30 个选举人的排序为{A,B,C}，1 个选举人的排序为{A,C,B}；29 个选举人的排序为{B,A,C}，10 个选举人的排序为{B,C,A}；10 个选举人的排序为{C,A,B}，1 个选举人的排序为{C,B,A}。那么，多数决的结果为：A 得 31 分，B 得 39 分，C 得 11 分，B 为胜利者。

单循环对决的结果如下，A 是孔多塞胜利者。

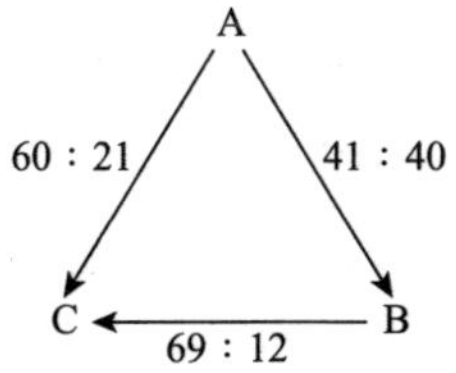

排序决的结果如下，B 为胜利者。

$$A = 2 \times 31 + 1 \times 39 + 0 \times 11 = 101(\text{分})$$

$$B = 2 \times 39 + 1 \times 31 + 0 \times 11 = 109(\text{分})$$

$$C = 2 \times 11 + 1 \times 11 + 0 \times 59 = 33(\text{分})$$

可以把（2，1，0）的打分方法改成(2,x,0)，让A胜出吗？此时得分情况如下：

$$A=2\times31+x\times39+0\times11=62+39x$$

$$B=2\times39+x\times31+0\times11=78+31x$$

$$C=2\times11+x\times11+0\times59=22+11x$$

如果$62+39x>78+31x$，那么$8x>16$，即$x>2$。因此x不可能小于2!

第三个问题是，孔多塞胜利者是不是合乎大家期待的胜利者呢？答案是不一定。

在上面的例子中，可以把选举人分成三组，第一组：10个选举人排序为{A,B,C}，10个选举人排序为{B,C,A}，10个选举人排序为{C,A,B}；第二组：1个选举人排序为{A,C,B}，1个选举人排序为{C,B,A}，1个选举人排序为{B,A,C}；第三组：20个选举人排序为{A,B,C}，28个选举人排序为{B,A,C}。第一组30个选举人的意见相互抵消，第二组3个选举人的意见也相互抵消，第三组的选举结果里，B和A相比是28比20，但是A是单循环对决中的孔多塞胜利者。

大家一定觉得每一个选举方法都有其合理性，也有弊病。不过，1972年的诺贝尔经济学奖得主阿罗（Kenneth J. Arrow）①，在他1951年的博士论文中，泼了我们一盆冷水，他提出，要探讨、设计一个理想的、完美的选举方法是不可能的。阿罗博士论文的研究结果，正是他获得诺贝尔奖的一部分原因。

---

① 阿罗可以说是第二次世界大战后最重要的经济学家之一，51岁时获得诺贝尔经济学奖。

"阿罗的不可能定律"（Arrow's Impossibility Theorem）是这样说的：首先，假设有 3 个或 3 个以上的候选人（因为只有两个候选人的案例比较简单），有 n 个选举人，每个选举人按照自己的判断进行排序，按照这 n 个选举人的排序得到选举结果。用社会科学里简单的语言来说，社会上的每个成员都依据事物的重要性对它们进行排序，例如分配政府经费时，教育、医疗、交通、康乐活动之间如何排序，最终根据大家的投票来决定。用社会学术语来说，社会上的每个成员都有其"个人效用函数"（individual utility function），选举就是根据所有人的个人效用函数，求出"社会效用函数"（social utility function）。

举一个简单的例子来说明这些观念。假如有 3 个候选人 A、B、C，有 8 个选举人，选举人对候选人的排序分别是{A,B,C}、{A,B,C}、{A,B,C}、{A,B,C}、{A,B,C}、{A,C,B}、{C,A,B}、{C,B,A}，用排序决，选举结果是{A,B,C}；用"去弱留强"的方法，选举结果是{A,C,B}。但是，阿罗提出，一个公平、合理的选举方法必须同时满足三个条件：一是每个选举人都把 A 排在 B 前面，选举结果必须也把 A 排在 B 前面。二是每个选举人都不改变 A 和 B 在排序中的相对位置（A 比 B 高或 B 比 A 高），不管如何改变其他候选人在排序中的位置，选举结果里，A 和 B 的相对位置都一样。换句话说，在选举的结果中，A 和 B 的相对位置不受其他候选人的位置干扰。三是选举人中不容许有独裁者的存在，独裁者的定义是，不管其他选举人如何选，选举结果都遵照某一个人的意见。据我的直觉，第三点是合乎情理的条件。

但是，阿罗又证明了一件事——同时满足这三个条件的选举方法不可能存在！例如，选举结果可能包含一个三角循环，必须剔除某些候选人对决的结果，从而打破三角循环；也可能由于一个微不足道的候选人的加入，而改变选举的结果。这些都违反了阿罗所设定的标准。不过，我们也不必绝望并放弃寻找。让我举两个例子，当然，这两个例子都对阿罗原来设定的条件进行了调整。

例一：如果按照阿罗原来的定义，选举人对候选人进行排序时没有任何限制，会产生一个特例：首先，所有候选人有一个“自然”的排列顺序，在这个排序中，选举人指定一个候选人为首选；接下来，和首选候选人距离愈近的候选人，排序愈靠前，距离愈远的候选人，排序愈靠后。这叫作单峰偏好理论。当所有选举人的排序都符合该理论时，多数决是满足阿罗三个标准的选举方法。

例二：选举人不单单对候选人排序，还替他们打分（如从0到9），把候选人得到的所有分数加起来，按照总分排列。这样虽然满足了阿罗的三个标准，但是却超出他原来对选举方法下的定义。按他的定义，选举人只能对候选人排序，不能打分。有关“阿罗的不可能定律”的文献非常丰富，有很大的讨论空间。

公平分配等于标准除数？

社会生活中另一种重要的选举行为，就是选民意代表。民意代表组成的会议，大多被称为“议会”。

现代议会制度是18世纪从欧洲的英国、瑞典等国家开始的。议会制度有两院制，如美国的众议院和参议院、英国的下议院和上议院；也有一院制，如新加坡的议会。在多数情况下，议会的议员经由普选产生。至于议会的架构、议员的数目、议员选举的办法等，各个地方有不同的制度，背后也有许多文化和社会因素。这里，我们不打算分析、比较这些不同的制度，我们想要讨论的是，在议员名额的分配过程中遇到的数学问题，这里头倒有许多有趣的、出人意料的结果。

以美国众议员的选举为例，美国立国时的宪法规定：每3万人选出的众议员不得超过1席，但每州至少有1名众议员。其实这个规定还不够严谨，如果众议员的总数没有上限或下限，那么每3万人选1席、每5万人选1席或者每50万人选1席，都合乎宪法规定。

瑞士的宪法规定，议员的总数共200席，按各地区人口比例分配，每2万人设1席。可是，这个规定又过度严格，每2万人选1席议员，结果可能超过或不到200席。

不过，不要让数学不太好的政治家把我们搞得头昏脑涨，先清楚地把数学题目描述出来：知道全国和每个地区的人口总数，也知道规定的议会席位总数，如何把这些席位按照人口比例分配给各个地区？数学好的读者先不要沾沾自喜，以为这是小事一桩。接下来，我们看看数学家怎样解释“按照人口比例分配”这句话，你可能也会感到头昏脑涨。

先看一个简单且听起来合情合理的分配方法，这是由美国开国元勋——也担任过财政部部长的汉密尔顿提出的，我们称它为“汉密尔顿法”。用一个简单的例子来介绍这个方法：全国人口总数是 1000 人，在 A、B、C 三个地区的分布是 508 人、307 人、185 人，而议员的席位总数是 100 席。人口的总数 1000 人，除以席位的总数 100，结果是 10，也就是平均 10 个人可以分到 1 席议员的位置，这个数字可以说是公平分配的一个指标，也叫作“标准除数”。为什么取用标准除数这个名字呢？因为每个地区的人口总数除以标准除数，结果就是这个地区应该得到的席位数。换言之，一个地区的人口总数除以标准除数，等于这个地区的人口总数占全国人口总数的比例乘以席位总数。

按照人口比例，A 地区分到 50.8 席，B 地区分到 30.7 席，C 地区分到 18.5 席。出现了小数，那么问题来了，一个议员或一个席位不能被砍成几段。汉密尔顿法是：先把商数的整数部分（用数学语言来说，就是商数的“地板”[①]）留下

① 对于任何一个数，等于或小于它的最大整数，叫作它的“地板”，例如 50.8 的地板是 50，50 的地板也是 50；相同地，对于任何一个数，等于或大于它的最小整数，叫作它的“天花板”，例如 50.8 的天花板是 51。

来，分配给这个地区。那么，A、B、C 三个地区分配到的席位数分别是 50、30、18，一共 98 席，因此 100 个席位还剩下 2 席。根据汉密尔顿法，剩下的部分，就按小数点后面部分的数值大小来分配，三个数值分别是 0.8、0.7 和 0.5，因此剩下的 2 席就分给 A 和 B，最后的分配是：51（50 + 1）席、31（30 + 1）席和 18 席，看起来似乎是功德圆满、皆大欢喜。

但是，假如三个地区的人口总数有小小的变化，变成 508、306 和 186，人口总数除以标准除数的商数是：50.8、30.6、18.6，先按三个商数的“地板”，分配了 50、30 和 18 席，则剩下来的 2 席应该根据 0.8、0.6、0.6 来分配，但是在两个 0.6 的状况下，这 2 席该怎么分配呢？又假如有五个地区，人口总数分别是 448、223、113、113 和 103 人，人口总数除以标准除数（假设标准除数仍是 10）的商数是：44.8、22.3、11.3、11.3、10.3，先按照五个商数的“地板”，分配了 44、22、11、11 和 10 席之后，剩下的 2 席该按 0.8、0.3、0.3、0.3、0.3 来分配，那么是不是该把 2 席都分给小数点后面部分是 0.8 的那一区呢？

虽然汉密尔顿法看起来有一些问题，人们还是使用了多年，不过，有几个意想不到的悖例[①]陆续被发现了。

第一个悖例：议员席位按照汉密尔顿法分配之后，如果各地区人口的总数不变，但是议员的席位增加了，比如说增加 1 席，按常理说，这 1 席可以分配给某一个地区，而其他地区的

① 悖例是指按照一个方法分配席位时，有时候会发生违反常理和直觉的结果。

席位保持不变。但是我们发现，按照汉密尔顿法分配后，某些地区的席位居然会减少。再举例说明一下，例如，有A、B、C三门科目，有1800名学生，选A的978人，选B的500人，选C的322人。有30位助教，按照学生人数比例分配给三门科目，则标准除数是60，也就是平均60个学生可以分到1个助教。按照汉密尔顿法，三门科目的助教数量分别是16、8和6；但如果一共有31位助教，标准除数变成$\frac{1800}{31}$，约等于58.064，分配的结果为17、9和5，A科目的助教人数从16增加到17，B科目的从8增加到9，但C科目的却从6减少到5，这就真是有点不合常理了！

接着上面的例子，假设助教的人数不变，但是学生人数增加，助教的分配可能会变化。按常理来说，学生人数增加比例愈大的课，应该在分配助教时占有优势，至少不会吃亏。但第二个悖例出现了。有A、B、C三门科目，有3760名学生，选A的2240人，选B的990人，选C的530人。有24位助教，因此标准除数是$\frac{3760}{24}$，约等于156.667，按照汉密尔顿法，三门科目分配到的助教数量是14、6和4。但如果学生人数增加，选A的2570人，选B的1250人，选C的是680人，共4500人，助教的数目不变，则标准除数是$\frac{4500}{24}$，等于187.5，按照汉密尔顿法，分配到的助教数目是14、7和3。但是，按照学生人数增加比例来算，A类增长约14.73%，B类增长约26.26%，C类增长约28.3%。A类增长比例最小，助教的人数没有改变；C类增长比例最大，助教的人数反而减少了一位。

第三个悖例：学生总数 1000 人，在 A、B、C 三门科目的分布是 657 人、237 人和 106 人，助教总数是 100 人，标准除数是 10。按照汉密尔顿法，助教分配的结果是 66、24 和 10 人。假设学生人数增加到 1010 人，在 A、B、C 三门科目的分布变为：660 人、245 人和 105 人，标准除数是 10.1，按照汉密尔顿方法，助教分配的结果是：65、24 和 11。但是，事实上，A 和 B 的学生人数都增加了，C 的学生人数减少了，可是 A 少了 1 位助教，B 的助教数目不变，C 的助教数目反而增加了 1 位。

第四个悖例：增加 1 门新的科目，也相应地增加了助教的人数，可是原来的分配依然会被打乱。例如，有科目 A 和科目 B，学生人数分别是 8955 人和 1045 人，总数是 10000，共有 100 位助教，因此标准除数是 100，按照汉密尔顿法，A 分到 90 位助教，B 分到 10 位助教。但是如果增加一门科目 C，科目 C 的学生人数是 525 人，学生总人数变成 10525 人，按照每 100 个学生应该分配到 1 位助教的说法，我们把助教的人数增加到 105 人，标准除数约为 100.24。按照汉密尔顿法，助教分配的结果是：A 有 89 位，B 有 11 位，C 有 5 位，与增加科目之前的结果比较，A 居然少了 1 位助教，B 多了 1 位，C 则得到了该得到的 5 位。

在汉密尔顿法中，当数据有一些小小的变化时，分配结果往往会产生违背常理的变动。该怎么做才能避免对小数点后面的部分斤斤计较呢？杰斐逊①是华盛顿总统的国务卿，也是美

① 杰斐逊后来成为美国第三任总统，华盛顿就是听了他的话才否决汉密尔顿的方法。

国《独立宣言》的起草人，他提出了一个有趣的做法（我们称之为“杰斐逊方法”）：用每一区的人数除以标准除数，得出来的结果是这一区该得到的席位；如果把标准除数减小，每一区得到的席位都会提升，因此不会对任何一区不公平，这个除数叫作“调整除数”。具体怎么调整呢？杰斐逊的提议是：经由反复尝试，找出一个调整除数，让分配的结果相加刚好等于席位总数，不要为了小数点后面的部分伤脑筋。

举一个例子，学生的总数是 1100 人，在 A、B、C 三个系的分布是：696、268 和 136，一共有 10 个奖学金名额，要按学生人数比例分配给这三个系，则标准除数是 110，A、B、C 各系学生人数除以标准除数，商数大约是：6.327、2.436、1.236。按照汉密尔顿法分配，三个系会先分配到 6 个、2 个、1 个奖学金名额，按照商数后面小数部分的大小，剩下来的 1 个名额会分配给 B，所以最后结果是：6 个、3 个、1 个。但是，按照杰斐逊法，我们发现，如果把 98 作为调整除数，用各系学生人数除以调整除数，得到的商数大约是：7.102、2.734、1.387，奖学金名额的分配结果是 7 个、2 个、1 个，这样的分配就圆满了。这个案例显示，用杰斐逊法和汉密尔顿法，分配的结果可能会不同。

不过，美国政治界的另一个重量级人物亚当斯①也不落人后地提出了一个和杰斐逊法对应的分配方法——亚当斯法：找一个比标准除数大的调整除数，用各区人数除以调整除数，按

① 亚当斯的父亲是美国第二任总统约翰·亚当斯（John Adams），约翰任内的副总统正是杰斐逊。

照商数的“天花板”来分配，让分配的结果相加刚好等于席数总数。回到刚才分配奖学金名额的案例，我们用亚当斯法反复尝试，找到调整除数 135，用学生人数 696、268 和 136 分别除以调整除数 135，得到的商数大约是：5.156、1.985、1.007，按照商数的“天花板”来分配奖学金名额，结果是 6、2、2，这和使用汉密尔顿法的结果和使用杰斐逊法的结果都不相同。

杰斐逊法和亚当斯法都指向一个适当的调整除数，主要目的是避免为小数点后面的部分伤脑筋，其实这未免有点粗糙，比如，往下走，1.9 会变成 1，往上走，1.1 会变成 2。这个时候，以“辩才无碍”著称的参议员丹尼尔·韦伯斯特，提出另一个分配法——韦伯斯特法：找一个调整除数，用各地区的人口总数除以调整除数后，用 U 代表商数的“天花板”，L 代表商数的“地板”，如果一个商数大于 $\frac{U+L}{2}$，分配的席位就是 U；如果一个商数小于 $\frac{U+L}{2}$，分配的席位就是 L。再回到前述分配奖学金名额的案例，把 107.2 作为调整除数，奖学金分配的结果是 6、3、1，和汉密尔顿法的分配结果一样。其实，在数学中，$\frac{U+L}{2}$ 叫作“算术平均数”。

这又带来一个相似的新思路：在数学里，除了算术平均数以外，两个数还有其他平均数，如调和平均数，U 和 L 的调和平均数是：$\frac{2UL}{U+L}$。

20 世纪 20 年代，美国人口调查局的统计学家希尔（Joseph

A. Hill）和哈佛大学的数学教授亨廷顿（Edward V. Huntington）提出另一个方法，我们称之为“亨廷顿—希尔法”。它提议把 U 和 L 的几何平均数 $\sqrt{UL}$ 作为基准。到了今天，美国依然用这个方法来分配众议员席位。分配席位时，有一个重要的原则——配额原则，用一个地区的人口总数除以标准除数，得出来的商数就是这个地区应该得到的席位。商数的“天花板”叫作“席位上额”，商数的“地板”叫作“席位下额”。不管用什么分配方法，如果分配结果大于上额或小于下额，都违背了配额原则。上述的方法中，只有汉密尔顿法能在任何情况下都符合这个原则。①

有一个重要的问题：如何衡量这些方法的公平性呢？有A、B、C三个地区，人数分别是696、268和136，假设按照某一个方法来分配议员席位，得出的结果是6、3、1。如何衡量这个分配是否公平？做一个简单的比较：A地区696人，分到6席，平均116人分到一席；B地区268人，分到3席，平均89.334人分到一席。相比之下，A地区吃亏，B地区占了便宜。

因此，我们提出一个“相对差”的概念，假设有两个自然数 x 和 y，满足 $x \geqslant y$，则其相对差是 $\frac{x-y}{y}$。相对差可以衡量不公平程度，两个地区的相对差越大，分配越不公平；相对差越小，分配越近乎公平。在刚才那个例子中，A和B分配结果

① 1983年，数学家迈克尔·巴林斯基（Michael Balinski）和佩顿·扬（Peyton Young）证明了一个定理：不可能找到一个分配的方法，使它既能满足配额原则，又没有任何悖例。

的相对差是29.8%，A和C分配结果的相对差是17.2%，B和C分配结果的相对差是52.2%。

用数学符号把相对差的公式写出来：p_i代表各地区的人口总数$(i=1,2,3,\cdots)$，a_i代表各地区分配到的席位$(i=1,2,3,\cdots)$，$\frac{p_i}{a_i}$的值，就反映了i地区平均多少人可以分到一席，$\frac{p_j}{a_j}$就反映了j地区平均多少人可以分到一席。假设$\frac{p_j}{a_j}>\frac{p_i}{a_i}$，它们之间的相对差等于$\left(\frac{p_j}{a_j}-\frac{p_i}{a_i}\right)/\frac{p_i}{a_i}=\frac{p_j a_i}{p_i a_j}-1$。

在一个已定的分配里，我们知道对i和j这两个地区，$\frac{p_j}{a_j}>\frac{p_i}{a_i}$，也就是说这个分配对$j$不利，对$i$有利。如果调整一下，让$j$增加1席，$i$减少1席，让分配改成对$j$有利、对$i$不利，也就是$\frac{p_j}{a_j}+1<\frac{p_i}{a_i}-1$。试问，该不该做这个调整呢？

$$\text{调整前的相对差是：}\frac{p_j a_i}{p_i a_j}-1$$

$$\text{调整后的相对差是：}\frac{p_i(a_j+1)}{p_j(a_i-1)}-1$$

如果前者小于后者，这个调整就不应该执行！

在前面的例子里，A分到6席，$p_j=696$，$a_j=6$；B分到3席，$p_i=268$，$a_i=3$，我们已经算过，A是吃亏的，A和B的相对差是：$\frac{696\times 3}{268\times 6}-1\approx 29.8\%$。

调整以后，$a_j = 7$，$a_i = 2$，B是吃亏的，B和A的相对差是：$\frac{268 \times 7}{696 \times 2} - 1 \approx 34.8\%$。

换句话说，调整以前，A吃小亏，调整以后，B吃大亏，所以就不应该调整！

因此，总体上说，亨廷顿—希尔法是所有方法里最公平、稳定的分配方法。这听起来有点不可思议，我必须把证明写出来：

引理 假设各地区人口总数分别为 $p_1, p_2, \cdots, p_i$，除以调整除数D，得到的分配结果是 $a_1, a_2, \cdots, a_i$，我们先要证明对 p_i 和 a_i：

$$\sqrt{a_i(a_i - 1)} \leqslant \frac{p_i}{D} \leqslant \sqrt{a_i(a_i + 1)}$$

$U = \frac{p_i}{D}$ 的“天花板”，$L = \frac{p_i}{D}$ 的“地板”，也就是 $U = L + 1$（忽略 $U = L$ 这个特殊而简单的案例）。

✖情况1

如果 $\frac{p_i}{D} \geqslant \sqrt{L \times U}$，且 $a_i = U$，那么 $\frac{p_i}{D} \geqslant \sqrt{a_i(a_i - 1)}$。

同时，因为 $\frac{p_i}{D} \leqslant a_i$，所以 $\frac{p_i}{D} \leqslant \sqrt{a_i(a_i + 1)}$。

✖情况2

如果 $\frac{p_i}{D} \leqslant \sqrt{L \times U}$，且 $a_i = L$，那么 $\frac{p_i}{D} \leqslant \sqrt{a_i(a_i + 1)}$。

同时，因为$\frac{p_i}{D} \geqslant a_i$，所以$\frac{p_i}{D} \geqslant \sqrt{a_i(a_i-1)}$。

因此，两种情况下，$\sqrt{a_i(a_i-1)} \leqslant \frac{p_i}{D} \leqslant \sqrt{a_i(a_i+1)}$。

定理 按照引理，对任何 p_i，p_j 和 a_i，a_j：

$$a_i(a_i-1) \leqslant \frac{{p_i}^2}{D^2} \leqslant a_i(a_i+1)$$

$$a_j(a_j-1) \leqslant \frac{{p_j}^2}{D^2} \leqslant a_j(a_j+1)$$

也就是说

$$\frac{a_i(a_i-1)}{{p_i}^2} \leqslant \frac{1}{D^2} \leqslant \frac{a_i(a_i+1)}{{p_i}^2}$$

$$\frac{a_j(a_j-1)}{{p_j}^2} \leqslant \frac{1}{D^2} \leqslant \frac{a_j(a_j+1)}{{p_j}^2}$$

即

$$\frac{a_i(a_i-1)}{{p_i}^2} \leqslant \frac{a_j(a_j+1)}{{p_j}^2}$$

因此

$$\frac{p_j a_i}{p_i a_j} \leqslant \frac{p_i(a_j+1)}{p_j(a_i-1)}$$

配额原则

再来讲另一个问题。有一个地区分配到8个议员席位，有A、B、C、D四个政党要竞选这8个席位，选民投票时只投给政党①，根据各党得票总数，把议员席位分配给各党。这里，让我介绍一个分配议员席位的方法——汉狄法。汉狄（D. Hondt）是比利时数学家，他在1878年提出了这个方法。

假设选民投票的结果是，A得10000票，B得8000票，C得3000票，D得2000票。（如表3-1所示）

表3-1

政党	A	B	C	D
得票数	10000	8000	3000	2000

① 说一个和这个题目的数学计算无关的细节：在一般情形之下，每个政党会先给自己的候选人排序，如果这个政党争取到1席，排名第一的候选人当选；如果这个政党争取到2席，排名第一和第二的候选人当选。但是因为选民选政党不选人，所以理论上，一个政党候选人的排序是政党内部的事情；不过在心理上，如果一个政党把声望好的候选人排第一，选民也许会受到影响，愿意把票投给这个政党。更进一步来讲，如果一个政党把声望好的候选人排第二甚至第三，选民为了要保证这个政党能够争取到2席或3席，更会把票投给这个政党，这是选举的操作技术。

续表

政党	A	B	C	D
除数 2	5000	4000	1500	1000
除数 3	3333	2666	1000	666
⋮	⋮	⋮	⋮	⋮
除数 i	$10000/i$	$8000/i$	$3000/i$	$2000/i$

把这些数字列成表后，选出八个最大的数字，便知道某一政党应分得多少席位。

表 3-2

政党	A	B	C	D
得票数	10000	8000	3000	2000
除数2	5000	4000	1500	1000
除数3	3333	2666	1000	666
除数4	2500	2000	750	500
⋮	⋮	⋮	⋮	⋮

在这个例子里，A 分到 4 席，B 分到 3 席，C 分到 1 席，D 分到 0 席。这个分配方法的优点在于，如果有 k 个席位要分配，就选表中 k 个最大的数字，这些数字里有多少个属于某一政党，就是这一政党分配到的席位。例如，在这个例子里，如果只有 3 个席位待分配，那么 A 会分到 2 席，B 会分到 1 席；如果只有 6 个席位待分配，A 分到 3 席，B 分到 2 席，C 分到 1 席。

我们观察到，汉狄法对得票多的大党有利。举个简单的例子：政党A得到10000票，政党B、C和D都各得1999票，$10000 \div 2 = 5000$，$10000 \div 3 = 3333$，$10000 \div 4 = 2500$，$10000 \div 5 = 2000$……如果席位共5席，A会把5个席位都拿下。但是A得票的百分比只是62.5%，按照公平比例，$5 \times 62.5\% = 3.125$，A应该只得到3席。

聪明的读者马上会指出，这不是一个新题目，而是和前文讲的把议会席位分给各地区的题目一样，只不过用了不同的语言描述出来而已。前面的题目是按照地区的人数把议会席位分给各地区，这里是根据政党得到的票数，把议会席位分给政党。因此，汉狄法不过是另一个新的分配方法而已。然而，有趣的是，虽然演算过程不同，但通过汉狄法得到的结果却一定和杰斐逊法相同！[①]

汉狄法带来了一个新的观点，也提供了设计新的分配方法的可能。先把各政党得到的票数排成一行；然后用第一行的数字除以2，所得的商排成第二行；再用第一行的数字除以3，所得的商排成第三行……一直到第i行。我们把1，2，3，…，i叫作“分母序列”，因此，汉狄法也叫“分母方法”。

举几个例子，把$\{1,3,5,7,9,\cdots\}$作为分母序列，叫作“圣拉古计算法”，分配的结果和韦伯斯特法一样；把$\{1,4,7,10,13,\cdots\}$作为分母序列，叫作“丹麦法”；把$\{2,3,4,5,6,7,\cdots\}$作为分母序列，叫作“因佩里亚利法”。把$\{0,\sqrt{2},\sqrt{6},\sqrt{12},\cdots,$

---

① 假设在汉狄法中，x是赢得最后一个席位的票，如果一个政党获得p张票和t个席位：$\frac{p}{t} \geqslant x$，$\frac{p}{t+1} \geqslant x$，如果在杰斐逊法中，用$x$做调整除数$D$：$\frac{p}{D} \geqslant t$，$\frac{p}{D} \geqslant t+1$，因此，$t = \frac{p}{D}$。

$\sqrt{i(i-1)}\}$ 作为分母序列，就是前面讲过的亨廷顿—希尔法。

既然汉狄法和杰斐逊法的分配结果相同，我们也可以从杰斐逊法看出一点眉目。杰斐逊法用的调整除数比标准除数小，从公平比例的观点来看，大党会占便宜。

因此，在汉狄法中，如果用比较小的分母，就对大党更有利；如果用比较大的分母，就对小党有利。从直觉上讲，在分配过程中，各党得到的票数除以分母，分母越小，大党越能取得优势；分母变大，这个优势就迅速下降。在许多使用汉狄法的国家和地区，往往会加上一个最低票数的门槛，如果一个政党得票的总数低于2%或5%[①]，这个政党就先行出局。设置最低门槛的目的是不让得票率很低的政党也分到席位，避免议会太复杂。

① 有些地方（如俄罗斯），门槛高达7%；土耳其的门槛甚至高达10%。

第4堂
把握时机，不做亏本买卖

认清市场真相，像真正的生意人一样思考，才能保护自己的财富，实现财富的增值。

赢家的诅咒

我们到百货公司去买一件衣服，衣服标价100元。老老实实付了100元之后，在拿着衣服回家的路上，我们难免嘀咕一下："这件衣服的成本是多少？到底百货公司赚了多少钱？"在"不二价"的交易环境里，没有讨价还价的可能，但是在很多生意场合，买卖双方是可以讨论价钱的，所谓"开天要价，落地还钱"①。

我接下来要讲一个"赢家其实是输家"的概念。这个概念来自经济学，英文是"winner's curse"，直译是"赢家的诅咒"，意思是，在许多买卖中，把交易谈成的买家，特别是拍卖中得标的赢家，往往都付出过高的代价，这就是所谓的诅咒。

举一个简单的例子。你在地摊上看到一把古色古香的小茶壶，老板开价2000元，你费了大半天的唇舌讨价还价，最终以1400元成交。你沾沾自喜，因为自己杀价成功，成为赢家；但是，老板是肯定不会做赔本生意的，成交价肯定比成本要

---

① 有一个例外，李汝珍在《镜花缘》里描述道，"君子国"的交易是"落地要价，登天还钱"。

高，至于高多少，那就是“赢家的诅咒”了。当然，在谈判中，这几乎是不可避免的，因为买卖是一个不公平的游戏，老板对货物的了解远比一般顾客要多。不过，在这么简单的例子里，我们看到一个关键点——成交价你能接受。很明显，这个价钱是货物真实价钱的上限（这里排除店家赔本求现的特殊状况）。

再让我们看一个比较复杂的例子。有一家小公司要出售，而你相信，如果把这家公司买下来，以你的经验和管理能力，可以让公司增值 20%，那么，你会出多少钱呢？

首先，你对公司做一个估价，假设估价结果是 10 万元到 30 万元，那么中间值就是 20 万元；也就是说，按照你的估计，公司的价值是 20 万元，假如买回来可以增值 20%，那么对你而言，公司的价值是 24 万元，所以你出价 24 万元。如果买卖真的成了，你会觉得这是一个公平交易。或者，假如你狠狠地排除增值的 20%，坚持只出价 20 万元，买卖也成交了，你会更开心，因为你认为自己一定赚到了。

但是，我们都没有注意到一个重点——公司的价值在 10 万元到 30 万元之间，这是公司外部的人的估计。我们愿意相信 10 万元这个下限，但是也可以合理地怀疑 30 万元的上限是不是过高估计。假如公司愿意接受 24 万元甚至 20 万元的价钱，那就表示，按照公司自己的估计（应该是更加准确的估计），公司的价值在 24 万元甚至 20 万元以下。

因此，让我们换个算法，假如你出价 x 元，公司也接受了，那么 x 应该等于多少才是一个公平交易的价钱呢？既然 x 是公司价值的上限，那么对公司价值比较精准的估计就是

100000 和 x 的中间值，即$\frac{100000+x}{2}$。对买主来说，公司的价值为这个价值加上 20%，所以，$(1+20\%)\times\frac{100000+x}{2}$正是买主会提出的价格 x。列成方程式：$x=(1+20\%)\times\frac{100000+x}{2}$，解得 $x=150000$，因此，这才是公平交易的价钱。这个例子的用意是，假如买方出价 24 万元或 20 万元，卖家也会接受，这里头就隐藏着“赢家的诅咒”。

再看最后一个例子。一块土地的使用权或者某块油田的开采权要出售，通常都会采用公开招标的方式。这些出售的对象都有“共同价值”，就是对每一个投标者而言，这个对象的价值都是一样的，尽管估价是个人估价，而且往往是彼此不相同的。如一个地区的石油开采权，它的价值就是这个地方有石油，但是这个地区所蕴藏的石油的价值，由每家公司的专家自行估定，那就有高有低了。

怎么买才划算？

在拍卖会上出售的物品往往带有“私人价值”，如一个古董、一件首饰等，卖家、买家往往倾注了很多私人情感。对每一个投标者来说，同一个对象的价值往往是不一样的，所以也就没有那么容易分辨到底是赚了还是亏了。最常用的投标方式叫“暗标”或“密封标”，价高者得。在这种情形之下，“赢家的诅咒”所指的就是中标但亏本的现象。

“赢家的诅咒”的出现有两个原因：第一，拍卖专家对拍卖品的估价太高；第二，因为竞争的缘故，竞标者冒险地把价钱抬高，超过专家的估计。无论如何，都是价高者得。这就明显地引起我们的疑虑：到底是其他人的估价过低，还是中标者的估价过高呢？换句话说，我们的智慧和判断，真的比其他人的智慧和判断更精准吗？特别是当投标人的数目增加时，我们会陷入更明显的两难境地——投标人数目比较多，只有大胆出价，我们才有脱颖而出的机会。但是同时，我们也得更小心、保守，因为当我们的估价超过很多人的估价时，“赢家的诅咒”出现的可能性就增加了。

这里，有一种应对方法，就是“削价投标”——投标人刻意以低于专家估计的价钱竞标，一方面可以避免专家可能估价过高的错误；另一方面，如果侥幸得标，利润就更高了。当然，这也会降低得标的概率。

有一种叫作“次高标”的拍卖，即由最高目标人得标，但是只需要付第二高的目标价钱。这样做的用意就是减少最高目标人掉入“赢家的诅咒”的可能性。这对投标者来说当然是好事，对拍卖者而言却是损失，所以不见得会被拍卖者采用。不过，次高标拍卖也不能完全避免“赢家的诅咒”的发生，如果最高标和次高标的估价都过高，中标者还是会付出过高的价钱。

用另一个例子来看“赢家的诅咒”在什么情形之下会发生。百货公司里有两个福袋，每个福袋里有一沓钞票，百货公司想把这两个福袋绑在一起拍卖出去。有两个人来竞标，竞标方式很传统，即反复提高标价，直到其中一个人退出为止。换句话说，竞标的目的，就是以某一个标价买下这两个福袋里的钱。这正是前面讲过的，出售的对象具有共同价值，即两个福袋里的钱的总和。可是，竞标的两个人对钱有多少的判断各凭本事和灵感，差不多只能乱猜而已。

让我们细化一下游戏规则：百货公司把第一个福袋里的钞票给竞标者甲看，甲就知道第一个福袋里有 x 块钱；再把第二个福袋里的钞票给竞标者乙看，乙知道第二个福袋里有 y 块钱。在这个情况之下，还是没什么头绪，因为甲只能乱猜第二个福袋里的钱的数目，乙也只能够乱猜第一个福袋里的钱的数目。

再把游戏规则变得更精准：甲和乙都有一个竞标策略，甲说：“我知道第一个福袋里头有 x 块钱，我竞标价钱的上限是

$2x$，过了 $2x$ 我就退出了。”换句话说，如果甲得标，他付出的钱顶多是 $2x$，如果 $x \leqslant y$，他就赚了，如果 $x > y$，他就碰上“赢家的诅咒”了，因为他用 $2x$ 的价钱去买 $x+y$。同样，乙也说：“我知道第二个福袋里头有 y 块钱，我竞标的上限是 $3y$，过了 $3y$ 我就退出了。”换句话说，如果乙得标，他付出的钱顶多是 $3y$，如果 $2y \leqslant x$，乙就赚了；如果 $2y > x$，乙就碰上“赢家的诅咒”了，因为他用 $3y$ 的价钱去买 $x+y$。

让我们用数字验证一下，甲看到的是100元，乙看到的是40元。他们两个先后竞标，到了120元，乙退出竞标，甲就以120元买到了两个福袋。福袋里一共有140元，他赚了20元。

把数字改一下，甲看到的是100元，乙看到的是80元。他们两个先后竞标，到了200元，甲退出，乙就以200元买到了两个福袋。福袋里一共有180元，他赔了，也就是遇上了“赢家的诅咒”。

让我们比较全面地来分析这个游戏：先假设甲看到第一个福袋里有 x 元，他竞标的策略是以 ax 元为上限，乙看到第二个福袋里有 y 元，他竞标的策略是以 by 元为上限。因此，到底谁得标，得标的人会不会遇上“赢家的诅咒”，只和 x、y、a、b 这四个数字有关系，前面我们已经看过几个不同数字的例子。

定理　对任何 x 和 y，如果 $\frac{1}{a}+\frac{1}{b} \geqslant 1$，那么“赢家的诅咒”肯定不会出现。

证明 若$\frac{1}{a}+\frac{1}{b}\geqslant 1$，等价于$a+b\geqslant ab$。

如果$ax>by$，甲以by的价钱买到价值$x+y$的两个福袋，

$$x+y>\frac{b}{a}y+y=\frac{a+b}{a}y\geqslant by;$$

如果$ax<by$，乙以ax的价钱买到价值$x+y$的两个福袋，

$$x+y>x+\frac{a}{b}x=\frac{a+b}{b}x\geqslant ax。$$

因此，甲或乙都不会碰上“赢家的诅咒”。

让我们列一个表：

表 4－1

a	b	x	y	赢家	得标价	赢家的诅咒
2	3	100	40	甲	120	$(100+40)-120=20$
2	3	100	80	乙	200	$(100+80)-200=-20$
1.5	1.5	100	40	甲	60	$(100+40)-60=80$
1.5	1.5	100	120	乙	150	$(100+120)-150=70$
4	5	100	40	甲	200	$(100+40)-200=-60$
4	5	100	90	乙	400	$(100+90)-400=-210$
9	1.1	100	40	甲	44	$(100+40)-44=96$
9	1.1	20	100	甲	110	$(100+20)-110=10$
9	2	100	40	甲	80	$(100+40)-80=60$
9	2	20	100	乙	180	$(100+20)-180=-60$

这些数字的结果，也印证了我们的直觉：如果 a 和 b 都比较小，双方都比较保守，不管谁得标，“赢家的诅咒”都不会出现。如果 a 或 b 比较大，双方竞标冒的风险比较大，“赢家的诅咒”就可能会出现。假如甲知道乙的 b 的数值，甲可以冒的风险就是：不能让 $\frac{1}{a}+\frac{1}{b}\geqslant 1$；同样，如果乙知道甲的 a 的数值，乙可以冒的风险就是：不能让 $\frac{1}{a}+\frac{1}{b}\geqslant 1$。因此，当甲和乙选了 a 和 b 的数值，并且 $\frac{1}{a}+\frac{1}{b}=1$，那么，$a$ 也不能再加大，b 也不能再加大，否则就是过度冒险，“赢家的诅咒”就可能会出现了；$\frac{1}{a}+\frac{1}{b}=1$，就是我们在博弈理论里所讲的“平衡点”。

我们举了这么多例子，都有一个立足点——甲乙双方公平竞争，竞标结果完全取决于他们自己的选择。如果有水分呢？例如，甲选定 $3x$，乙选定 $1.5y$，在公平竞争的条件之下，令 $x=90$，$y=200$，当他们竞标到 270 元的时候，甲退出，乙就以 270 元买到两个福袋了，福袋里一共有 290 元。但是，假如甲和百货公司的老板是好朋友，如果甲中标，老板就私底下送他一个福袋，里头有 50 元，因此，甲就把竞标上限改为 $3x+50$，令 $x=90$，$y=200$，当他们竞标到了 270 元，甲不会退出；到了 300 元，乙就退出了，于是甲就以 300 元买下了两个福袋，里头一共有 290 元，加上老板私底下送他的 50 元，则一共得到 340 元。换句话说，因为有老板的秘密补贴，所以甲可以冲过头，却依然中标、赚钱。

塔西佗陷阱

让我们从“陷阱”这个名词讲起：“陷”是掉下去、沉下去的意思，“阱”是坑、洞的意思。远古时代，人类已经知道在地面上挖一个深洞，在上面铺上树叶和草，野兽走过，就会掉到深洞里头，爬不出来了。相似地，人们也发明了捕捉鱼虾的笼子，放在水里，鱼虾等能够游进去，却游不出来。人类还用绳索、弹簧等制成机关，野兽一旦触动机关，其肢体的一部分就被锁住，它就很难跑掉了。除了实体的陷阱之外，“陷阱”这个词也泛指一个人或者一个群体的行为或者思想，因为外在和内在的因素，被困在一个固定的、狭隘的维度里。

先讲几个大家常常听到的和陷阱有关的故事。塔西佗（Publius Cornelius Tacitus）被认为是伟大的罗马历史学家，他曾经担任许多重要职位，很早就继承家业成为元老，也曾被选为执政官和担任外省的总督等。“塔西佗陷阱”出自《塔西佗历史》第一卷第七章，当他讲到罗马皇帝做了一个引起外界负面反应的决定时，他说：“一旦皇帝成为被国人憎恨的对象时，无论他做好事还是做坏事，都会引起人民对他的厌恶。”在《培根论文集》中，培根直接引用了塔西佗的话：“正如塔西佗说：‘当政府不受欢迎的时候，好的和坏的举措同样都会触怒人民。'”相似的说法是：“失去公信力的时候，政府无论发表什么言论、做什么事，社会都会给予负面的评价。”再简洁一点，就是“失去民心的政府会动辄得咎”。

虽然塔西佗理论原本用来描述政府和人民之间的关系，但是也可以被运用到其他方面，例如，企业与顾客之间、人与朋友之间。失去了顾客信任的企业，无论发布好的新产品和坏的新产品，都难以把顾客招揽回来。失去了朋友的信任，无论你做好事、说好话或者做坏事、说坏话，都难以把友情挽救回来。

塔西佗陷阱是怎样形成的？一个政府（特别是在民主制度下的政府）的决策和行为，往往是在各种极端意见和要求中的折中选择，因此认同和赞美、否定和批判都无法避免，经常是共同存在。更何况，在人民的心目中，政府做对的、好的事情是天经地义的，反过来，政府做了错误的、坏的事情，那就罪该万死了。掌声往往是微弱的，嘘声往往是响亮的，骂声肯定是慷慨激昂的。从记忆的角度，人们往往会选择性遗忘政府的建树，却牢记着政府的错误。同理，当一个企业因为产品有缺点、服务不周全等而失去了顾客的信任时，要靠新的产品（即使是好的新产品）把这些流失的顾客吸引回来，往往是相当困难的。当一个人的行为和语言损害了朋友之间的情谊，要靠后来好的行为和语言把友谊弥补过来，往往也是相当困难的。

在《论语·子张》里，子贡说：“纣王的恶行，并不如传说中那么糟糕。所以君子最讨厌自己身上有污点，天下之恶都被归到他名下。”[①]纣王实际上没那么坏，只是因为他地位高、权力大，如果他做了一些坏事和错事，大家就会把更多坏事和错事都算在他头上。这不正是塔西佗陷阱吗？

① 子贡曰：“纣之不善，不如是之甚也。是以君子恶居下流，天下之恶皆归焉。”（出自《论语·子张》）

死亡交叉与黄金交叉

下面，介绍一下和塔西佗陷阱有点相似的理论——“死亡交叉”和“黄金交叉”。在统计学里，一个随着时间变化的数据，可以用它的“移动平均线”来描述它的走势。以股票市场的指数为例，每一天把过去 5 天的指数的平均数[①]算出来，就得到 5 天的移动平均线，同理，也有 10 天、30 天、120 天、240 天的移动平均线。

研究市场走势时可以比较两条移动平均线。例如，我们以 5 天的移动平均线作为市场短期走势的指引，以 26 天的移动平均线作为市场长期走势的指引[②]。通常来说，短期移动平均线的波幅比较大，长期移动平均线的波幅比较小。

当短期和长期的移动平均线差不多平行地往上走时，市场稳定上升；当短期和长期的移动平均线差不多平行地往下走时，市场稳定下降。但是，当短期移动平均线下降得比较快，长期移动平均线下降得比较慢，两条移动平均线相交，短期移动平均线落在长期平均线的下面时，就出现死亡交

① 平均数最简单的算法就是把 5 天的指数加起来除以 5，但是专家们也有不同的公式。

② 也有人以 50 天的移动平均线作为市场短期走势的指示，以 200 天的移动平均线作为市场长期走势的指示。

叉，预示股市在短期内会继续往下走。反过来，当短期移动平均线上升得比较快，长期移动平均线上升得比较慢，两条移动平均线相交，短期移动平均线跳到长期移动平均线的上面时，就出现黄金交叉，预示股市在短期内继续往上升。（如图 4－1 所示）

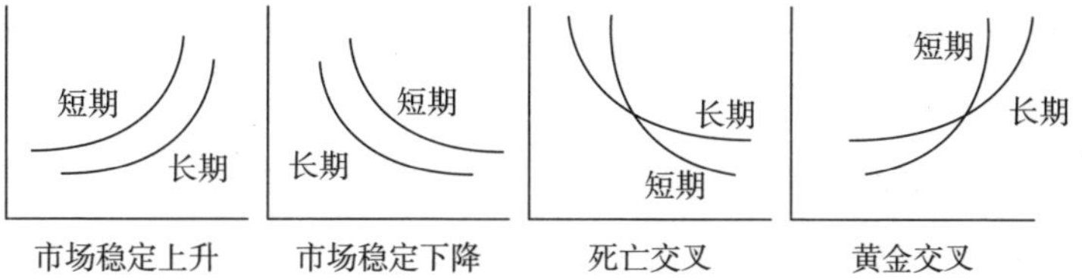

图 4－1

死亡交叉也可以用来描述老百姓对政府或者政治人物的满意度和不满意度。一般来说，在新官上任烧起三把火的蜜月期中，满意度高于不满意度。随着时间的演进，满意度的移动平均线往下走，不满意度的移动平均线往上走，两者相交的时候也会出现死亡交叉，预示着政府或者政治人物可能会掉入塔西佗陷阱。

那么，塔西佗陷阱告诉我们什么呢？很明显，政府也好，企业也好，个人也好，处理任何事情都要持如临深渊、如履薄冰的心态，避免掉入跳不出来的陷阱里，否则“一失足成千古恨，再回头已百年身”。孟子曾说，失去民心，就失去了老百姓的支持，就失去了天下；获得民心，就获得了老百姓的支持，就获得了天下。①

---

① 得天下有道，得其民斯得天下矣。得其民有道，得其心斯得民矣。（出自《孟子·离娄上》）

不过，塔西佗也说过一些积极的话："掉进陷阱之后，好的作为也只会得到嘘声和骂声，要接受这个不可避免的现实，即使在陷阱里，也不要气馁，更不要灰心，继续努力，加倍努力地做对人民有利的好事。"

修昔底德陷阱

再介绍另一个更古老的陷阱理论——修昔底德陷阱。修昔底德（Thucydides）是古希腊的历史学家，他最著名的作品就是《伯罗奔尼撒战争史》。他观察到，在希波战争中惨败的雅典，在战后国力日益强大，引起斯巴达和其他城邦的不安，他说："雅典的崛起和斯巴达的惊恐，让战争变得不可避免。"现代的历史学家就把这个说法叫作"修昔底德陷阱"，用现代的话语来说就是：一个新崛起的大国，必然要挑战既存的大国，而既存的大国，也必然会响应这种威胁，战争因而不可避免。

在世界历史的发展过程中，粗浅地说，一定有许多可以被称为修昔底德陷阱的例子，不过从严谨的学术立场来说，对应的双方是否满足"既存的大国"和"新崛起的大国"这两个条件呢？双方的战争，是否不可避免呢？

哈佛大学政治学教授格雷厄姆·艾利森（Graham Allison）做了深入的研究，根据他的研究结果，过去五百多年来，有16个案例可以被称为修昔底德陷阱。这16个案例中，12个案例的结果是战争，详情见表4-2。

表4－2

	时期	既存的大国	新崛起的大国	结果
1	16世纪前期	法国	哈布斯堡王朝	战争
2	16到17世纪	哈布斯堡王朝	奥斯曼帝国	战争
3	17世纪	哈布斯堡王朝	瑞典	战争
4	17世纪	荷兰共和国	英国	战争
5	17世纪后期到18世纪前期	法国	英国	战争
6	18世纪后期到19世纪前期	英国	法国	战争
7	19世纪中期	英国、法国	沙皇俄国	战争
8	19世纪	法国	德国	战争
9	19世纪后期到20世纪前期	沙皇俄国、中国	日本	战争
10	20世纪前期	英联邦	美国	无战争
11	20世纪前期	沙皇俄国、英联邦、法国	德国	战争
12	20世纪中期	苏联	德国	战争
13	20世纪中期	美国	日本	战争
14	20世纪70年代到80年代	苏联	日本	无战争
15	20世纪40年代到80年代	美国	苏联	无战争
16	20世纪90年代	英联邦、法国	德国	无战争

注：英联邦不是国，此处作为一股势力看待。

下面举例分析一下。清朝从康熙、雍正、乾隆时期的盛世，到嘉庆、道光时期的中落，再到同治时期慈禧太后垂帘听政，虽然日益衰微，但始终保持着亚洲大国的地位。

沙皇俄国自1721年彼得大帝登位以后，励精图治，其间也历经兴衰。1812年，沙皇亚历山大一世打败拿破仑，俨然成为“欧洲的救世主”。到了 19 世纪末期，沙皇亚历山大三世联同法国抵抗德国的扩张，同时拓展在中亚和东亚的势力，沙皇俄国也不失为亚洲的一个大国。

在清朝和沙皇俄国两雄虎踞之下，日本明治天皇在 1868 年结束了日本近七百年（1185—1863 年）的幕府政治，进行改革。在“富国强兵”的口号之下，日本在军事、工业、经济等各方面迅速发展：从 1885 年到 1899 年，日本的国民生产总额（GNP）增加了 3 倍；军事经费预算也逐年增长：从 1880 年占总预算的 19%，再到 1886 年的 25%，再到 1890 年的 31%。同时，日本也进行扩张：1876 年，日本与朝鲜王朝签订《日朝修好条规》，朝鲜王朝开放了三个港口，供日本对朝鲜王朝的商业往来；日本还要求朝鲜王朝给予日本公民治外法权，等等。

1894 年，甲午战争爆发，清军大败。中国被迫于 1895 年 4 月 17 日签订丧权辱国的《马关条约》。1904 年，日俄战争爆发，英文称为“Russo-Japanese War”，日文称为“日露战争”①。在海军和陆军都节节失利的情况下，加上沙俄内部革命浪潮正在高涨，沙皇尼古拉二世接受美国罗斯福总统的调停，俄、日双方于 1905 年 9 月 5 日在美国新罕布什尔州的朴次茅斯签订《朴次茅斯和约》，其中的条文包括“俄国政府承认日本国在朝鲜之政治军事经济上均有卓绝之利益，加指导保护监理等事，日本政府视为必要者即可措置，不得阻碍干

① 在日文中，俄罗斯的汉字旧译为“露西亚”，简称为“露国”。“征露丸”就是日露战争中日本陆军的军用药，现在在日本的药房还买得到，号称有治疗腹痛、腹泻、消化不良的疗效。

涉”，以及“俄国政府以中国政府之允许，将旅顺口、大连湾并其附近领土领水之租借权内一部分之一切权利及所让与者，转移与日本政府，俄国政府又将该租界疆域内所造有一切公共营造物及财产，均转让与日本政府”。西奥多·罗斯福也因为这次斡旋成功，在 1906 年获得诺贝尔和平奖。

修昔底德陷阱的理论提醒我们，当一个政府失去民心、掉入塔西佗陷阱中无法自拔时，就会发动“转移注意力的战争”。当国家内部不安定、经济状况恶劣、人心充满怨恨的时候，在外交和在军事上发动与外界的冲突，可能会转移人民的注意力，从而稳定政权。

陷阱也可以很有趣

有一种玩具，叫作“中国指套”或“手指扣”，它是一个管状、有一些弹性的小玩具，一般是用去了外皮的麦秆或者稻草编织而成的。它的玩法是：左、右手各伸出一个手指，紧紧地插进这个管子里，然后在不破坏管子的情况下把两个手指拔出来。通常，我们的第一反应是使劲儿拔，可是拔不出来，而且愈用力，扣得愈紧。反过来，只要放轻松，把手指慢慢地继续往管里伸，就可以慢慢把手指拉出来了。因此，“不要掉入中国手指陷阱”这句话，就是指要放松，不要紧张，也即“事缓则圆，事急则乱”。

《西游记》里也有几个有趣的陷阱。下面我们简述一下相关故事内容：

如来委托观音去东土寻找一个取经的人，并交给观音五件宝贝：一件是锦襕袈裟，一件是九环锡杖，还有金、紧、禁三个箍儿，各有配套咒语，任何神通广大的妖魔，只要戴上箍儿，自然见肉生根，持咒人把咒语念一念，那妖魔便头痛欲裂，不得不服服帖帖地听从命令。

在唐僧西行取经的路上，观音化身为老妇，把一顶嵌金花帽送给了他，这顶帽子就是紧箍儿。后来孙悟空戴上了这顶帽子，唐僧只要一念“紧箍咒”，孙悟空就疼得满地打滚，箍儿就像一条金线，紧紧勒在头上，取不下、抽不掉，已经生根了。所以孙悟空只得乖乖听唐僧的话。

另外两个箍儿呢？孙悟空和黑熊精大战的时候，观音把禁箍儿丢过去，套在黑熊精头上，念起咒语，黑熊精头疼若裂，丢了枪，落地乱滚，就皈依观音做守山大神去了。孙悟空和红孩儿大战的时候，观音拿出金箍儿，迎风一晃，叫声“变”，金箍儿一个变成五个，往红孩儿身上一抛，一个套在他头上，两个套在他左右手上，两个套在他左右脚上，念起“金箍咒”，就把红孩儿降伏了。

不过，也有挖了陷阱反而自己掉到陷阱里的故事。《圣经·箴言》第二十六章第二十七节说：“挖陷阱的，自己必掉在其中；滚石头的，石头必反滚到他身上。”《圣经·诗篇》第五十七章第六节说：“他们在我面前挖了坑，自己反掉在其中。”

唐朝时期，女皇武则天为了镇压反对她的人，任用了一批酷吏，其中最狠毒的两个叫作周兴和来俊臣。有一天，武则天收到一封信，告发周兴与人联合谋反，武则天大怒，责令来俊臣严查此事。来俊臣准备了一桌丰富的酒席，把周兴请到自己家，酒过三巡，来俊臣问周兴说：“我办案时，常常遇到死不认罪的犯人，老兄有什么让他们招供的办法吗？”周兴说：“那还不好办，找一个大瓮，四周用炭火烤热，再把犯人放进大瓮里头，他还敢不招供吗?”来俊臣就按照他的说法，找来一个大瓮，用炭火烤热，站起来对周兴说：“有人告你谋反，皇上命令我审问你，现在，就请你钻进这个大瓮里头去吧!”周兴马上磕头并承认罪行。

以上是成语“请君入瓮”的出处。

公元前 361 年，年方 21 岁的秦孝公即位，向全国颁布求贤令，招揽人才，其中最杰出的就是来自魏国的商鞅。商鞅说服了秦孝公，在秦国推行新法。经过两次变法，秦国国力大大增强，百姓生活富足，路不拾遗，山中也没有盗贼。但是，另一方面，商鞅也推行严刑峻法。秦孝公去世之后，秦惠王即位，商鞅被告谋反，于是赶快逃亡。逃到过境关卡时天色已黑，于是他想要投宿旅店，老板不晓得他是商鞅，对他说：“商君定下的法令，接纳没有通行证的人投宿，要受连坐之罪。”因此不让他投宿。商鞅自叹：“我立下的法令，竟如此不通人情吗?”

以上是成语“作法自毙”的出处。

一定要知道的股票认股权
——BS 模型

假如一位应届毕业生正在找工作，一家高科技公司开给他的聘用条件是：月薪 4 万元，加上 1 万股股票的认股权，可以在上班一年后行使。认股的价格叫作“执行价”，是 200 元一股，换句话说，一年之后，他可以向公司以 200 元的单价购买 1 万股股票。如果公司一年后的股票价格是 210 元一股，每股可以赚 10 元，他就一共赚 10 万元；如果股票价格是 250 元一股，每股可以赚 50 元，他就一共赚 50 万元；反过来，如果公司股票的价格在 200 元以下，他只好放弃认股权，也就是一分钱也拿不到。

补充一个基础知识点，认股权有一个成熟的日期，在这个案例里，上班满一年之后，就是这 1 万股股票认股权成熟的日期。欧洲认股权规定，在那一天之前，必须决定是否行使认股权；美国认股权则规定，在成熟日期后的一个时段——几个月或几年内必须决定是否行使认股权。这里我们就以欧洲的认股权为例子，因为站在数学分析的角度，这样会简单很多。

这位学生同时也收到了另一家公司的录用通知，简单明了：月薪 5 万元。单看薪资的话，月薪 4 万元加上认股权，和月薪 5 万元比较，哪个聘用条件比较好呢？他去请教一位金融领域的老师，老师说："这个简单，有几个公式，其中最有名的是布莱克—舒尔斯模型。只要套入公式，就可以算出认股权的价值。"这位学生心想："有那么神吗？发明这个公式的人可真该得诺贝尔奖！"事实的确如此。1973 年，经济学家费雪·布莱克（Fischer Black）和麦伦·舒尔斯（Myron Scholes）发表了一篇论文，从一个偏微分方程导出一个计算认股权价值的公式，就是布莱克—舒尔斯模型。差不多在同一时间，另一位经济学家罗伯特·默顿（Robert Merton）提出了一个不同的方法，也可以导出布莱克—舒尔斯模型，并且做了若干的推广。1997 年，舒尔斯和默顿获得诺贝尔经济学奖，可惜布莱克在 1995 年就去世了。

让我们看一个简单的例子。有一支股票，今天的市价是 100 元一股，好朋友要出国，临走前交给你 10000 元，让你替他买 100 股。于是，你看到了一个发一笔小财的机会：你先不替朋友买股票，而是去找证券公司的业务员，表示要买 200 股股票的认股权，执行价是 100 元，明天到期，业务员说小事一桩，费用就不要计较了。等到第二天，假如股价涨到 101 元，行使认股权之后，把股票卖掉，赚了 200 元，再用 101 元替朋友买一股，净赚 100 元；假如股价掉到 99 元，先放弃认股权，用 99 元替朋友买一股，也净赚 100 元。天下居然有这种好事啊！

不过，有两个前提条件：第一，朋友交给你 10000 元，他不坚持马上购买股票（这不是我们讨论的重点）；第二，证券公司的业务员，免费送你明天到期、执行价是100元的200股股票的认股权。其实，这个认股权是有价值的，假如第二天的股价是101元的概率是$\frac{1}{2}$，100元或以下的概率也是$\frac{1}{2}$，那么你就有$\frac{1}{2}$的概率赚200元，因此认股权的价值应该是$200 \times \frac{1}{2} = 100$元；假如第二天股价是101元的概率是$\frac{2}{3}$，100元或以下的概率是$\frac{1}{3}$，那么认股权的价值应该是$200 \times \frac{2}{3} \approx 133.33$元。讲到这里，大家应该已经看出端倪：认股权是有价值的，不过这个价值怎样算，就和若干因素有关。

再讲一个较为复杂的例子，有一支股票的市价是每股100元，两年之后到期，执行价是85元一股，那么认股权价值应该是多少？首先，假设两年之后的股价如表4－3所示：

表4－3

股价（元）	概率
120	0.1
110	0.2
100	0.3
90	0.2
80	0.1
70	0.1

因为执行价是85元，所以只有当股价在85元以上，我们才会行使认股权，计算如表4－4所示：

表 4 – 4

股价	概率	每股赚（元）
120	0.1	120 – 85 = 35
110	0.2	110 – 85 = 25
100	0.3	100 – 85 = 15
90	0.2	90 – 85 = 5

因此，每股可以赚到的期望值①是 $0.1\times35+0.2\times25+0.3\times15+0.2\times5=14$，认股权的价值就是 14 元。

把这个例子中的数据做一些微调，借此加深对这个估算的了解，假如执行价从 85 元降至 84 元，认股权的价值会增加为 14.8 元；假如执行价从 85 元增至 86 元，认股权的价值会减少为 13.2 元；但是假如执行价提高到 105 元，那么股价高于执行价的概率是 $0.1+0.2=0.3$，认股权的价值是 $0.1\times(120-105)+0.2\times(110-105)=2.5$ 元。这个例子指出，认股权的价值与认股的价格和成熟日期时股票的价格有着密切的关系。

不过我们还得注意，负责财务的人不会放过一个要点：认股权价值是 14 元时，这 14 元可是两年以后的 14 元！因此认股权在今天的价值必须打个折扣。假设存在银行里，没有风险的年利率是 2%，而且每年复利计算一次，则两年之后的 14 元等于今天的 $\frac{14}{1.02^2}\approx13.46$ 元，也就是说，这支两年后到期、

① 期望值是指当事件重复发生很多次时，平均每次的价值。

执行价是85元一股的股票，其认股权在今天市场上的公平价是13.46元。

如果股票认股权成熟的时间是T年，没有风险的年利率是r，那么$\frac{1}{(1+r)^T}$就是贴现折扣率。不过为了数学上分析的方便，贴现折扣率通常用e^{-rT}来代替。

在上面的例子里，估算认股权的预期值，是使用成熟日期之时可能的股价和对应的概率，但是股价每天都产生波动，因此，经济学家试着提出不同模型来描述股价每天的波动。

例如，一支股票目前的股价是100元，假设它每天涨的概率是$\frac{1}{3}$，跌的概率是$\frac{2}{3}$，按照证券交易所的规定，股价每天的涨幅不能超过10%，到达10%就涨停；每天的跌幅不能超过10%，到达10%就跌停；假设这支股票涨，就一定是涨停；跌，就一定是跌停，因此股票在三天之内的波动如表4－5所示：

表4－5

波动		概率	股价
涨停（天）	跌停（天）		
3	0	$\left(\frac{1}{3}\right)^3 \approx 0.037$	$100 \times 1.1^3 = 133.1$
2	1	$3 \times \left(\frac{1}{3}\right)^2 \times \frac{2}{3} \approx 0.222$	$100 \times 1.1^2 \times 0.9 = 108.9$
1	2	$3 \times \frac{1}{3} \times \left(\frac{2}{3}\right)^2 \approx 0.444$	$100 \times 1.1 \times 0.9^2 = 89.1$

续表

波动		概率	股价
涨停（天）	跌停（天）		
0	3	$\left(\frac{2}{3}\right)^3 \approx 0.296$	$100 \times 0.9^3 = 72.9$

如果执行价是 70 元，认股权的价值是：

$$0.037 \times (133.1 - 70) + 0.222 \times (108.9 - 70) + 0.444 \times (89.1 - 70) + 0.296 \times (72.9 - 70) \approx 51.39(\text{元})$$

如果执行价是 85 元，认股权的价值是：

$$0.037 \times (133.1 - 85) + 0.222 \times (108.9 - 85) + 0.444 \times (89.1 - 85) \approx 8.54(\text{元})$$

如果执行价是 95 元，认股权的价值是：

$$0.037 \times (133.1 - 95) + 0.222 \times (108.9 - 95) \approx 4.12(\text{元})$$

根据这个例子的计算方法，可以建立计算认股权价格的模型，即二项期权定价模型。

我要讲的是导出布莱克—舒尔斯模型所用的股价波动的模型。股价波动有几个重要的因素和相关的参数，第一，假设股价往上升和往下降的概率相同。说得清楚点，股价上升 1 元和下降 1 元的概率相同；上升 2 元和下降 2 元的概率相同；上升 3 元和下降 3 元的概率相同。而且，上升 1 元的概率比上升 2 元的概率大，上升 2 元的概率比上升 3 元的概率大。大多少呢？这就是所谓股价的波动率，我们用 σ 来表示，如果波动率小，股价升降2元的概率远比升降1元的概率小，升降3元的概率就更小了；如果波动率大，股价升降2元的概率就会比较接近升降1元的概率，升降3元的概率也是如此。这些概率的相对大小都可以用数学公式精准地表示出来。

但是，按照波动率来描述股价的波动，和现实不尽相符。因为只看波动率，股价只会以对称方式上下波动而已，平均来说不会跳开原来的股价。因此我们加上第二个因素，那就是股价会随着时间线性增长，这就叫作“漂移”。换句话说，随着经济的发展，股价会随着时间线性增长。以美国道琼斯指数（Dow Jones Industrial Average）为例，1980年的指数不到1000点，1990年升到约3000点，2000年升到约10000点，而2017年已经到达25000点左右。当然，直线增长只是一个非常粗糙的估计，经济危机的出现会引起股市崩盘和股价大跌。如果站在数学的角度，我们就说股价的变化是固定的，它随着时间线性增长，加上随机的上下波动。

举一个简单的例子，有一支股票的股价是100元，按照3%的线性增长率固定成长，那么第一个月是103元，第二个月是106元，第三个月是109元……但是在每一个时间点还会加上波动的因素，例如第一个月的股价是103元加上+2元的波动，变成105元；第二个月的股价是106元加上-2元的波动，变成104元。这个波动模型在数学上叫作“布朗运动”。

但是，这还不是金融人士最常用的描述股价波动的模型，最常用的是布莱克—舒尔斯模型里的股价自然对数，它会根据漂移和波动的因素而变化。换句话说，股价的自然对数变化，是一个布朗运动。在数学上，我们说股价波动的模型是一个几何布朗运动。为什么我们选这个模型呢？原因有两个：一是为了运算方便，二是它和现实情形比较符合。

讲到这里，有些人会说，这倒是相当简单明了；也有些人会说，如同丈二和尚，摸不着头脑。没有关系，我们已经到达目的地了，有了一个股价波动的数学模型后，就可以算出股价高于执行价的概率，以及在这个前提之下的股价的预期值，这个公式就是布莱克—舒尔斯模型。它有五个参数：①股票目前的市价，价格固定且不变动；②认股的价格，价格愈低，认股权的价值愈高；③认股权的成熟期，这个时期愈长，认股权的价值就愈高，因为股价上升的机会愈大；④无风险利率，利率愈低，目前认股权的价值愈高，因为贴现折扣率愈小；⑤波动率，波动率愈高，认股权的价值就愈高，因为股价冲上去的机会愈大。

对任何一支股票，只要知道这五个参数，就可以上网找到一个布莱克—舒尔斯模型的计算器，把认股权的价值算出来。举个例子，有一支股票目前的股价是 100 元，认股权的执行价是 95 元，成熟期是 90 天，波动率是 0.5，无风险利率是 0.04，把这五个参数输入，计算机马上算出认股权的价值是 12.84 元。如果成熟期延长为 180 天，认股权的价值上升为 17.16 元；如果认股的执行价格降低为 90 元，认股权的价值上升为 15.76 元；如果波动率下降为 0.25，认股权的价值下降为 8.34 元；如果波动率上升为 0.75，认股权的价值就上升为 17.49 元。

布莱克—舒尔斯模型不仅可以帮助那位学生估计认股权的价值，还可以用在其他很多地方，特别是所谓的衍生品市场。

举个简单的例子，有一支股票的价格为 100 元一股，有一位投资者看好这支股票，相信一个月后，这支股票的价值会涨到 120 元一股。他可以花 100 元买一股，根据涨跌随时把股票卖出；也可以花一点钱（假设为 7 元）买一个月后以 120 元购买一股股票的认股权。如果一个月后，股票的价格涨到 120 元，就赚了(120 - 100) - 7 = 13 元；如果一个月后股票的价格低于 120 元，就赔了 7 元。这种做法叫作“看涨期权”，与之相对的叫作“看跌期权”，这背后有非常复杂的运作方法和计算过程。

第 5 堂

信息时代，更要保障数据安全

了解锁和密码的运行过程，才能真正保障安全。

锁的历史渊源

《礼记·礼运·大同篇》里描述，大同社会的特征之一是“外户而不闭”，意思是不必把大门关上。户的甲骨文字形，像一块有转轴的木板，即单扇门；翻转、合并，就成了“门”，一扇曰户，两扇曰门。门字里加一横，是“闩”字，就是在门后面放一根横木，把门挡住，关起来。按照金文，门字里加一横一竖，就是“闭”字，那就是在门闩和地面之间斜撑一根垂直的木棍，形成一个三角形，防止有人从外面破门而入。篆文误把金文“门”里的一横一竖加上一撇，写成“才”字，那就是今天楷书里的“闭”字。按照金文，“门”字里平写两个“十”字，就是“关”字，其中，短的两横是栓孔，两竖是两根垂直的栓，把两扇门关住。按照金文，“开”字是门里并列两个“干”字，两个“干”字上面，两个短横指双手，下面的两个“十”字就代表栓孔和垂直的栓，意思是双手把栓从栓孔拔出来，把门打开。

两千五百多年后的今天，我们不但没有达到夜不闭户的境界，反过来，还要时时刻刻把大门紧紧地关上，牢牢地锁起来，并采取各种防盗措施。其实，作为现代人，锁是生活中少不了、躲不掉，看似微不足道却关乎生死的小装置。住宅和办公室的大门、保险箱、脚踏车、行李箱、宠物的笼子等，都要用锁锁起来，人们已经习以为常了。

身为一个工程师，我想用一种简单、常见的例子，为大家解释锁和钥匙的基本原理。有一种锁叫弹子锁，也称弹簧锁，装在门上的弹子锁都有圆球形的把手，像喇叭，所以也叫作喇叭锁。弹子锁源自四千多年前埃及人的发明：在门的两边各装一个门固（门固是一块垂直方向的木头，中间有个凹槽），将一根门闩水平放置在门固的凹槽里，左右移动，便能开门、关门。换句话说，门固的功能就是让门闩保持横向移动，不掉到地面上。

有了门闩，埃及人就想到，出门时把门闩放下来，把门锁起来。我们在门固上挖几条垂直的小槽，在每条小槽里放一根细长的钉子，同时，在门闩上的相对位置钻几个小洞。当小槽里的钉子穿过小洞时，这些钉子就会把门闩卡住，门闩就不能左右移动，门就被锁上了。（如图 5 - 1 所示）

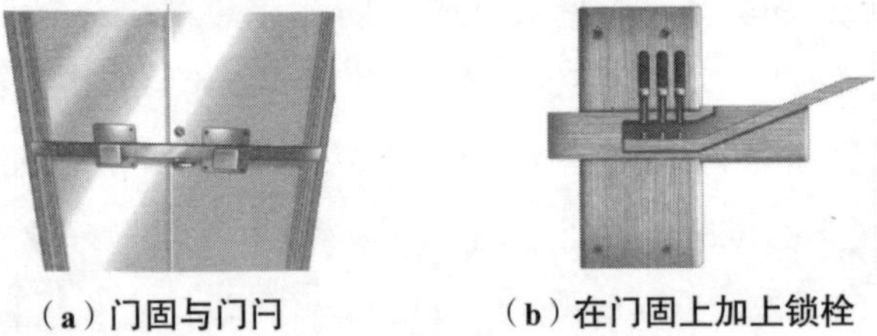

（a）门固与门闩　　（b）在门固上加上锁栓

图 5 - 1

回家时，怎样把卡住门的锁打开呢？埃及人用的钥匙就像一把牙刷，上面有几个钉子，与门固上的小槽和门闩上的小洞相对。钥匙经由门闩上一条斜槽，插入门闩的小洞，轻轻地往上抬，这些钉子就把穿到门闩的钉子，沿着门固的小槽，推回门固里。这样门闩就可以左右移动了，那些小钉子叫作锁栓。

直到 19 世纪，美国工程师耶鲁父子俩——老奈纳斯·耶鲁与小奈纳斯·耶鲁，推广了埃及的锁和钥匙的基本观念，发明了现在普遍使用的弹子锁，即耶鲁锁。弹子锁外面是一个圆筒，相当于埃及的锁的门固，我们称之为锁固。锁固里有一个圆柱形锁芯，锁固和锁芯之间有小小的空隙，因此锁芯可以旋转，这个空隙叫作节点。锁芯旋转，使门闩水平移动，这就是开门、关门的动作——向左旋转，门闩缩入，开门；向右旋转，门闩伸出，关门。（如图 5－2 所示）

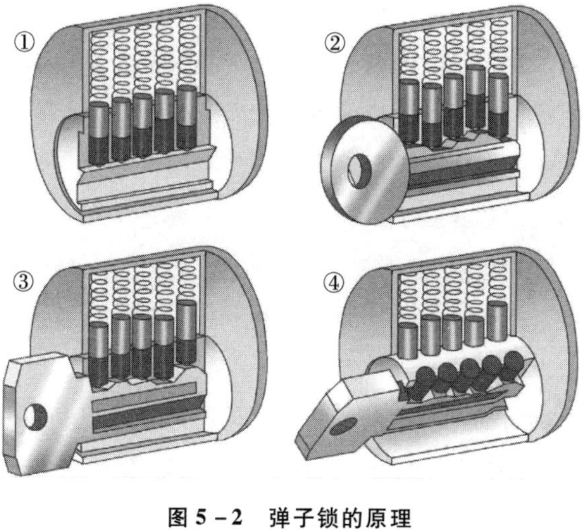

图 5－2　弹子锁的原理

上锁原理也和埃及的锁相似：锁固和锁芯有相对的几条小槽，一般的锁有五六条这样的小槽。和埃及的锁不同的地方是，每一条小槽里有两段锁栓，锁固那一段是上锁栓，所有小槽里的部分，长度相同；锁芯那一段是下锁栓，不同小槽里的部分，长度不一样。在锁固那一端，有一条弹簧，上锁栓向下压住下锁栓，如果一条或多条上锁栓从小槽穿过节点，上锁栓就把锁芯卡住，锁芯不能转动，也就把门锁住了。

开锁呢？开锁时，要把上锁栓往上推，推到节点以上，这么一来，锁芯就可以旋转，把门闩收回来了。到这里，我们就明白为什么每把钥匙的边上都是一些不规则的锯齿了——因为不同小槽里的下锁栓长度不一样，而我们需要把每一条下锁栓都推到节点的位置，因此钥匙边上有五六个高度不同的点，与锁芯中五六个小槽里的下锁栓相对应。当所有的下锁栓都被推到节点的下沿，而且所有上锁栓都被推到节点的上沿，那么锁芯就可以转动，门就可以打开了。

这样，我们也能明白为什么一把锁的钥匙一般不能用来打开另一把锁，因为不同锁的下锁栓的长度不一样，只有相对应的钥匙，才能把下锁栓准确地推到节点的下沿。

当你把钥匙弄丢了，会请锁匠来开锁，锁匠会用一根细长的针，从锁的钥匙孔伸进去，把下锁栓逐一往上推，这需要经验和技巧。几千年来，锁的设计和制作有了很大的进步，包括工艺技术、冶金技术甚至艺术设计等不同的面向。

以上讲的都是机械锁的基本运作原理。随着电子技术的发展，电子锁出现了。人们可经由密码、指纹、图像和声音等开锁。

虚拟的锁——魔咒

门、锁和钥匙可以是实体的，也可以是虚拟的，莎士比亚的悲剧《哈姆雷特》里有这样一幕，哥哥雷欧提斯对妹妹奥菲利娅说："再会了，请牢牢记住我向你说过的话。"妹妹说："那已经深深锁在我的记忆中，而钥匙就由你保管。"土耳其作家穆拉特（Mehmet Murat Ildan）说过："恨是一扇有一百个锁的门，爱是拿着一千把钥匙的手。"

许多读者都读过《一千零一夜》，其中有一个故事叫作《阿里巴巴和四十大盗》，故事里就出现了一把虚拟的锁。

很久很久以前，在波斯国的某个城市里，住着兄弟俩，哥哥叫戈西姆，弟弟叫阿里巴巴，他们出身贫苦。哥哥幸运地和富商的女儿结了婚，并继承了岳父的产业，很快就变成远近闻名的大富豪。弟弟娶了穷苦人家的女儿，夫妻俩过着贫困的生活。阿里巴巴每天赶着唯一的家当——三头毛驴上山砍柴，再把柴拉到市集去卖，借以维持生活。

有一天，阿里巴巴砍完柴要下山时，看到远方尘土飞扬，原来是一支马队正朝着他的方向冲过来。阿里巴巴害怕极了，赶紧爬上一棵大树躲起来。大树底下有一块大石头，马队来到大石头边，40个年轻力壮的小伙子勒马跳下来，取下沉甸甸的鞍袋，很明显，这是一批拦路抢劫的强盗，把抢来的金银珠宝带到这里来分赃。这时，强盗头子模样的人来到大石头前，大喊一声“芝麻开门”，大石头前突然出现一扇大门，强盗们提着鞍袋，鱼贯而入，接下来大门就自动关上了。阿里巴巴正想从树上爬下来，赶快回家，山洞的门突然又打开了，强盗头子清点了人数之后，大喊一声“芝麻关门”，洞门就自动关起来。强盗头子带着小喽啰们，提着空的鞍袋，策马加鞭，扬长而去。

阿里巴巴从树上爬下来，决定要试验一下刚才听到的咒语。他走到大石头前，大喊一声“芝麻开门”，洞门就应声而开。阿里巴巴走进洞里，洞门就自动关闭了。阿里巴巴看到洞里放满了金银珠宝、丝绸锦缎，惊奇不已，就满满地装了几袋金币，走到洞口，大喊一声“芝麻开门”，洞门应声而开。走到外面之后，再大喊一声“芝麻关门”，洞门关上了。

阿里巴巴赶紧回家，把老婆叫到房间里，把几袋金子堆放在老婆面前，把经历的事情一五一十地告诉了老婆。老婆开心得不得了，坐下来一枚一枚地数那些金币。阿里巴巴说：“这么多金币，一枚一枚数，要数到什么时候?”于是就吩咐老婆向嫂嫂借一个小斗，量一下到底有多少斗金币。嫂嫂很小气，心思又十分缜密，想知道穷光蛋阿里巴巴要用小斗量什么东西，就在小斗内部涂了一点蜜蜡。阿里巴巴和老婆把金币用小斗量好，埋藏起来，并把小斗还给了嫂嫂。嫂嫂发现小斗底部竟然粘有一枚金币。等到戈西姆回来，嫂嫂就对他说：“你弟弟可真有钱，竟然用小斗来量金币。”这一对贪婪的夫妻就去找阿里巴巴，强逼他把整件事情和盘托出，特别是山洞的位置和开门、关门的咒语。

第二天一大早，戈西姆赶了十头驴来到那个大石头前，大喊一声“芝麻开门”，洞门真的打开了，戈西姆急不可待地走进山洞，洞门就自动关起来了。等到戈西姆装满一袋一袋的金银财宝，准备出洞回家时，因为兴奋过度，完全忘了那句开门的咒语。他大喊“花生开门”，门没有开；又喊“大麦开门”，门也没有开，戈西姆被困在石洞里了。半夜时分，强盗们回来了，强盗头子发现了躲在山洞里的戈西姆，就一刀把他砍死，并肢解成八大块。

戈西姆一夜没有回家，嫂嫂求阿里巴巴去帮忙找戈西姆。阿里巴巴赶着三头毛驴，走到大石头前，大喊一声“芝麻开门”，门开了，他走进去，发现了哥哥被肢解的遗体，就把遗体放在袋子里，同时又装了几袋金子，大喊一声“芝麻开门”，出了洞门，再大叫一声“芝麻关门”，洞门就关上了。他赶到哥哥家，向嫂嫂报告噩耗……

故事只讲到这里吧，虽然精彩的还在后头，不过我不想被冠上“离题万丈”的罪名，所以就此打住——虽然也可能被冠上“吊人胃口”的罪名。

自阿里巴巴和四十大盗的故事以来，“芝麻开门”已经成为流传最广的开门咒语，甚至变成俗语，代表解决问题的最直接和最容易的做法。例如：找一个陌生人帮忙，一个笑容相当于一句“芝麻开门”。又如，某太太对先生说：“老公，你以为你说一声‘芝麻开门’，我就能把饭烧好、把衣服洗干净、把房间打扫干净了吗？”

《哈利 · 波特与魔法石》第九章《午夜决斗》里有这样一个情节：黄金三人组——哈利、赫敏和罗恩，加上纳威和爱捣蛋的皮皮鬼，在半夜溜出来，被专门和学生作对的管理员费尔奇追捕。他们跑到走廊尽头，遇到一道被牢牢锁上的大门，赫敏拿出哈利的魔杖，轻轻敲了那把锁一下，低声叫“阿拉霍洞开”，大门就打开了。“阿拉霍洞开”是开锁的咒语，可以打开任何没有被魔法保护且锁上了的门和窗，因此也被称为“小偷的朋友”，传说是在 17 世纪由非洲传到英国。关门的咒语是“速速禁锢”，在《哈利 · 波特与凤凰社》第三十五章《帷幔彼岸》里，哈利一群人被穷追猛打，他们穿过一道门，又是赫敏轻轻叫了一声“速速禁锢”，门就关上并把后面追来的人挡住了。

除了咒语之外，行军打仗时，军营都有站岗或巡逻的哨兵，提防敌人和奸细入侵。哨兵就是军营的“锁”，当哨兵遇到身份不明的人，他们会大声喝道：“口令。”口令就是通关密语，也就是钥匙，回答正确，通行无阻；回答错误，格杀勿论。不过口令会被别人窃听，必须常常更换。

《三国演义》里有一个故事：曹操带兵和刘备手下的大将马超对敌，前进无功，想要退兵又怕被人耻笑，犹豫不决，进退两难。一天晚上，一位将军来问当天晚上的夜间口令，当时曹操正吃完晚饭，看到碗里的一块鸡肋，就说：“今晚的夜间口令就是‘鸡肋’吧！”当这位将军把夜间口令传出来之后，随军主簿杨修说：“丞相要撤兵了，我们开始收拾行李吧！”别人问为什么，杨修说：“鸡肋这块骨头，食之无味，弃之可惜，表达了丞相虽然舍不得，却要退兵、放弃汉中这个地方的心意。”曹操听到杨修的话，就以“扰乱军心”的罪名，把杨修砍头了。事实上，过了不久，曹操真的退兵了。

在夜间军事行动中，一片漆黑，敌我难分，当两个士兵相遇时，第一个士兵会先喊出一个密码，表明自己的身份，这叫作“挑战”；第二个士兵必须喊出一个对应的密码，让第一个士兵知道他是自己人，这叫作“响应”。接下来，第一个士兵必须再喊出一个密码，让第二个士兵也知道他的确是自己人（因为他原来喊出的“挑战”，可能是窃听来的），这叫作“相应”。

1944 年 6 月 6 日，以英、美两国军队为主力的盟军，一共三百多万士兵渡过英吉利海峡，在法国诺曼底登陆，诺曼底战役打响。第一天，盟军使用的挑战密码是“flash”，响应密码是“thunder”，相应密码是“welcome”；第二天，挑战密码改为“thirsty”，响应密码改为“victory”；用了三天之后，挑战密码改为“weapon”，响应密码改为“throat”；再过三天，挑战密码改为“wolf”，响应密码改为“rabbit”。这些举措都是为了避免密码被敌军窃听。

在间谍工作或黑道往来中，两个素未谋面的人要确认彼此的身份，也会使用暗语（黑道中有“黑话”）。暗语通常藏在对话中。例如，两个陌生人见面，第一个说：“这种鬼‘天气’实在不好过。”在这里，“天气”是挑战密码。第二个人说：“不如赶快找‘地方’吃中饭吧。”在这里，“地方”是响应密码。第一个人接着说：“我倒‘没有’什么意见。”在这里，“没有”是相应密码。

密码不变，换一个场景，换两个人。第一个人说：“‘天气’转凉了，马上就是秋天了。”第二个人说：“有些‘地方’，秋天来得比较早，有些地方，秋天就来得比较迟。”第一个人接着说：“其实，那对我也‘没有’太多区别。”

一个变化是，当第一个人说出挑战密码时，第二个人用一个已知的算法，把正确的响应密码算出来。

例如，第一个人说 3，第二个人就说 9；或者第一个人说 6，第二个人说 6；再或者第一个人说 8，第二个人说 4。原来，第一个人的挑战密码是“一个小于 12 的数字”，第二个人的响应密码是 12 减去挑战密码。

假如第一个人说 6，第二个人说 3，第二个人通过了；第一个人说 12，第二个人说 6，他也通过了；但第一个人说 10，第二个人说 5，他被一枪打死了，因为以为响应密码是挑战密码除以 2，结果不是。

再给一点信息，第一个人说 8，第二个人说 5，他通过了；第一个人说 7，第二个人说 5，他也通过了。请问：通关的算法是什么？[①]

① 响应密码是挑战密码里英文字母的个数。

信息时代的密码学

讲了一连串的故事，终于来到今天的计算机和通信科技的世界，钥匙虽然在实体上和四千年前大不相同，可是基本观念还是一样的。我们每个人几乎无时无刻都在使用智能手机、计算机和 Wi-Fi 无线网络。在大多数情形下，手机、计算机和 Wi-Fi 无线网络都是有密码保护的，换句话说，知道了一个装置的密码，才能使用它。

我还是按照“打破砂锅问到底”① 的老习惯，先介绍一下 Wi-Fi 这个词的由来。首先，网络统指一种把计算机连接起来，让它们互相交换信息的架构。局域网络（Local Area Network，LAN）是指在范围比较小的地理区域内（如办公室、家），把计算机连接起来的网络。因为信息传递的距离比较短，所以使用的技术也有其相应的特色。20 世纪 70 年代，原始的局域网络使用有线通信技术，其中最重要的案例，就是以

① 砂锅是用泥烧制成的瓮，古时多用来烧饭、煮汤，因为砂锅的材质脆弱，如果不小心打破了，裂纹会一直延伸到锅底，所以就有“打破砂锅纹到底”的说法。“纹”的古字发音和“问”字相同，所以就演变成“打破砂锅问到底”了。至于“纹”的古字怎么写，就留给“打破砂锅问到底”的读者去探求了。

太网络（Ethernet）[①]。虽然在20世纪70年代，计算机科学家艾布拉姆森（Norman Abramson）已经提出了用无线通信技术把计算机连接起来的做法，不过那时因费用过于高昂而无法具体实现。直到20世纪90年代，无线局域网络（Wireless Local Area Network，WLAN）技术才被快速地推广和使用。

其中最重要、使用频率最高的案例，就是按照IEEE 802.1通信标准，以2.4GHz和5GHz为通信频率而建立的无线局域网络。许多参与技术制定和从事产品研究的公司组成联盟，取名为“Wi-Fi联盟”（Wi-Fi Alliance）。其实，“Wi-Fi”只是一个商标，本身没有特定的意义，说它来自“无线兼容性”（Wireless Fidelity）这个词是没有根据的。

今天，人们说Wi-Fi时，其实是说按照Wi-Fi联盟的标准而建立的无线局域网络。当然，无线局域网络最重要的功能，就是把我们的计算机、手机、游戏机，经由无线局域网络连到因特网（Internet）。当我们说使用Wi-Fi时，其实是说，经由Wi-Fi无线局域网络连到Internet。

计算机、手机、Wi-Fi、信用卡、银行卡的密码，通常是一连串的数字和英文字母的组合，现在也可以使用英文以外的字母和词语。密码似乎是信手拈来，如曹操随意选了“鸡肋”作为密码。不过，在高科技世界里，设密码有两个重要的原则：第一，不容易被别人破解；第二，容易记住。

先讲第一个原则。过去，计算机密码往往只是四个数字，

---

① 一种计算机局域网络技术。1973年，鲍勃·麦卡夫发表了题为《Alto以太网》的备忘录。它里面有以太网如何工作的设计简图，Ethernet作为一个完整的词第一次出现。

一共只有 10000 个不同的组合（0000 至 9999 之间），只要写一个非常简单的程序，就能逐一输入所有不同的组合，这就是所谓的用“蛮力”（brute force）来破解密码。为了防止这种情况的发生，最常用的方法是：第一，把密码的长度增加到 8 个字符，甚至 16 个字符。第二，每个字符可以是数字、小写字母和大写字母，再加上标点符号。以 10 个数字、26 个小写字母、26 个大写字母和 19 个标点符号来算，8 个字符的密码，就有 645 兆[$(10+26+26+19)^8$]种可能，可说是牢不可破。

但是，设置牢不可破的密码时也会遇到困境。

第一，你忘记密码了。如今人们需要在各种设备和网络平台设置密码，很容易把自己搞糊涂。《阿里巴巴和四十大盗》的故事里，贪婪的哥哥记不得山洞的开门咒语是芝麻开门、花生开门还是大麦开门，最后困死在山洞里。

第二，有这样的可能：爸爸睡着了，小朋友拿着爸爸的手机乱按，歪打正着，把密码更改了。等爸爸睡醒了，手机也打不开了。

第三，有一个真实的例子。2001 年 9 月 11 日，两架被恐怖分子挟持的民航机，分别撞上纽约世界贸易中心的一号楼和二号楼。整个事件中，遇难人数多达 2996 人。总部设在世贸中心一号大楼第 101 层到第 105 层的金融服务公司 Cantor Fitzgerald，960 个员工中有 658 人罹难。在各种善后工作中，很重要的一块是破解罹难员工的计算机档案，好让公司对顾客的服务恢复正常。虽然公司有一个内规，即每个员工必须把工作用的计算机密码告诉办公室里另外四个人，但是在这个极端的意外事件里，这个内规也没办法解决困境。

密码再加密
——保密散列函数

关于上述金融公司的故事，后面我会继续讲。我先解释一个技术问题：公司的计算机系统里有一个记载所有用户密码的档案，把这个档案找出来，所有员工的计算机密码不就一目了然了吗？即使大楼的计算机系统被炸毁了，重要的档案一定在别处的计算机系统中存有备份。事实上，那个记载所有用户密码的档案由“保密散列函数”（Crytographic Hash Function）加密，除了用“蛮力”之外，无法打开。

先解释一下这是怎么一回事。首先，假设有一串数字——256 个 0 和 1，“散列”就是指按照某些预先设定的规则，把这些 0 和 1 改头换面，产生另一串数字——也是 256 个 0 和 1。请注意，散列这个动作并不单是把原来的 0 和 1 重新排列而已，在两串数字里，0 和 1 的数目不一定是一样的。从原来的 0 和 1 组合，变成后来的 0 和 1 组合，所遵循的变化规则就是散列函数。我们也用“输入”代表原来的 0 和 1 组合，用“输出”代表后来的 0 和 1 组合，散列就是指把输入变成输出。

保密散列函数必须满足下列条件：第一，同样的输入必须产生同样的输出。第二，不同的输入必须产生不同的输出。说得精准一点，在数学上产生同样输出的概率微乎其微。第三，从已知的输出倒过来找原来的输入，需要花费多到不合理的时间——换句话说，破解密码的唯一做法就是尝试每一个可能的输入，基本是不可能的。

这样我们就明白了，把所有用户的计算机密码直接储存在计算机系统里，是非常危险的一件事。万一黑客进入计算机系统，就可以把所有用户的密码抄走，因此，存在计算机系统里的每个用户密码，不是密码本身，而是密码经过保密散列函数处理后的输出。譬如，若我给我的计算机系统设置的密码是“happy3399”，则存在计算机系统里的是“happy3399”的保密散列输出，黑客即使找到这个输出，也无法倒过来推算出我的密码。反过来，当我要进入计算机系统时，输入我的密码“happy3399”，计算机先找出“happy3399”经过保密散列的输出，就可以和档案里的记录进行比对了。

继续讲“9·11”事件中金融公司的故事。恐怖袭击事件发生后几小时，微软公司就派了 30 位信息安全专家到他们的临时紧急应变中心商量对策。很明显，用“蛮力”无法一一破解所有密码。

我们说一个密码“强”，意思是这个密码是在 645 兆个可能中随机选出的。也就是说：第一，密码的每个字符都是从 10 个数字、26 个小写字母、26 个大写字母和 19 个标点符号里，用同样的概率随机选出的。第二，密码的每个字符都是独立的，和其他字符没有关系。

要破解一个强密码，除了“蛮力”之外，可说别无他途。但是，绝大多数一般人选的密码都是“弱”的：容易记住、信手拈来，一般与潜意识①相关。因此，专家们大致有两个策略：善用“蛮力”、寻找弱点。这都是非常技术性的问题，无法在这里详细讨论。让我们通过一些例子来体会其中的奥妙。

我们有645兆个不同的密码，用p代表一个密码，每个密码经由散列函数产生对应的散列输出，我们称它为“散列密码”，并且用$h(p)$代表p的散列密码。因为散列函数是已知的，从p算出$h(p)$简单，但是从$h(p)$倒过来算出p却不容易，因此只能靠“蛮力”。输入一个密码的散列密码$h(p)$，要把原来的密码p找出来，有两种做法：第一，从645兆个密码中，逐一计算$h(p)$，直到$h(p)$和输入的散列密码相吻合，但这需要很长的计算时间。第二，把645兆个密码的散列密码全部计算出来，罗列成一个p和$h(p)$的对照表，因此当$h(p)$被输入时，在表上把p找出来是举手之劳，但这需要很大的储存空间。

还有一个折中的做法，利用“彩虹表”，花不太多的计算

① 我还是依照“打破砂锅问到底”的原则，用简单通俗的语言来解释“潜意识”这个名词。意识是人的头脑对客观物质世界的反映，也是感觉、思维等各种心理过程的总和。感到冷而穿上大衣，看到汽车冲过来而赶快往旁边躲，都是由意识主宰的行为。心理学家认为，人类心理活动中还有一部分是大脑已发生却未达到意识状态的心理活动，在某些不能预见的条件之下，也会引起相对的反应。例如，出门前顺手拿起大衣、中午出去吃饭时顺步走到拉面店，这都是由潜意识主宰的行为。打个比方，意识是水面上冰山的一角，潜意识是水面下冰山的其他部分。水面上的冰山是比较清晰的、明确的、有迹可循的，但水面下的冰山是看不清的，它会在意料不到的时候浮到水面上来。

时间，花不太多的储存空间，两者合起来，把输入的 $h(p)$ 和对应的 p 找出来：

1. 用 $p_1 \to h(p_1), p_2 \to h(p_2), \cdots, p_{100} \to h(p_{100})$ 代表所有的密码和它相对应的散列密码。

2. 选出若干个密码，把它们相对应的散列密码连成一条链，我们会得出一个函数，叫作“还原函数”（reduction function），还原函数会根据一个散列密码（256 个 0 和 1）产生一个密码（包括符号、数字、字母、标点）。请注意，还原函数不是（也不可能是）从一个 $h(p)$ 倒过来找 p 的函数。有了还原函数，可以根据一个密码产生一条长度为 100 的还原链（reduction chain）：

$$p_1 \to h(p_1) \Rightarrow p_2 \to h(p_2) \Rightarrow p_3 \to h(p_3) \Rightarrow \cdots \Rightarrow$$
$$p_{99} \to h(p_{99}) \Rightarrow p_{100} \to h(p_{100})$$

3. 只要我们知道还原链的头 p_1 和还原链的尾 $h(p_{100})$，就可以把还原链中间的 p_2、$h(p_2)$、p_3、$h(p_3)$、…一步一步地算出来，这就点出了要用散列函数和还原函数把这些密码和散列密码串起来的原因——我们只要知道 p_1 和 $h(p_{100})$，就可以从 p_1 开始，逐步把链里的密码和相对应的散列密码算出来。

4. 选 5 万个密码（5 万只是随意选择的数目），从每个密码开始，计算长度为 10 万的链，把这 5 万条链的头的密码和尾的散列密码，列成一个 50000 × 2 的表，就叫作“彩虹表”。

5. 对一个输入的散列密码 $h(\hat{p})$，如果 $h(\hat{p})$ 是彩虹表中某一条链的尾，跳到这条链的头，把这条链里的密码和散列密码逐一算出来，最后，就得到 $h(\hat{p})$ 了。

6. 如果一个输入的散列密码 $h(\hat{p})$，不是彩虹表中一条链的尾，假定它是某一条链的中间（否则彩虹表不够完全，就无法把 $\hat{p}$ 找出来了）。从 $h(\hat{p})$，我们用还原函数去到这条链的尾，再跳到这条链的头，就可以把 $\hat{p}$ 找出来了。

说明一下，这里的描述是简化了真正做法的描述，重点是把链、链的头和尾及还原函数这些观念解释清楚。为什么把链的头和尾组成的表叫作彩虹表呢？传说彩虹两端都有一桶黄金，只要知道两端黄金的重量，就可以把彩虹中端的内容算出来了。在彩虹表中，链的数目和链的长度有许多调整空间，当然链的数目愈多，链的长度愈长，根据 $h(p)$ 把 p 找出来的概率也愈高。（在实际例子里，彩虹表所占的空间大小约在 100GB。）

接下来讲如何寻找弱点。许多人密码选用的数字和英文字母都不是随机的，往往是常用的、个人化的。这些都可以帮助专家破解密码，免得单纯靠“蛮力”。下面分享一些例子，从中可以看出来，许多信手拈来或从潜意识发掘出来的密码是相当弱的密码。

有一个专门估计密码强度的网站 https：//howsecureismypassword. net/，输入一个密码，它可以估算出用已知的技术破解这个密码的时间。我把一些实验结果告诉大家：按照统计，最常用的密码排行榜上，第一名是“123456”，第二名是“password”，还有“111111”“abc123”等。很明显，这些都是弱的密码，当我们把这些密码逐一输入上述网站，网站的响应都是“instantly”，即可以立即破解。

下面的表 5 - 1 列出一些密码及该网站反馈的被破解时间：

表 5 - 1

密码	破解时间
使用 happy 这个词，如 happyday	立即（instantly）
用动物名称，如 lion、elephant	立即（instantly）
用@符号，如@attention	2 小时（2 hours）
用 love 这个词，如 IloveU	立即（instantly）
用名人的名字，如 Confucius	2 分钟（2 minutes）
数字与字母结合，如 happy4ever	1 天（1 day）

“qwert”是另一个常用的密码，那是电脑键盘上最上一排左边五个键的英文字母，网站显示的破解时间是立即；“rfvnji”也是常用密码，这几个字母在电脑键盘上形成一个倒三角形，网站显示的破解时间是 8 毫秒。

我们知道，许多人的密码都是个人化的，也就是说，密码和他的个人资料有关。基于这些经验，Cantor Fitzgerald 金融公司的主管小心翼翼、有礼貌地打电话给遇难同事的家人和朋友，一方面表示哀悼之意，另一方面，除了直接询问知不知道遇难者使用的密码之外，也询问遇难者的结婚纪念日、在哪所大学毕业、家里有没有养猫和狗及这些宠物的名字、家里有几个小孩及他们的名字和生日等，这些都可以帮助专家减少绝对“蛮力”的使用。

有趣的是，密码里往往藏着许多个人隐私。有一个坐过牢的人，把在监狱中的囚号作为密码，提醒自己不要重蹈覆辙。有一个人把“580”作为他的密码，因为那是他的高考分数，他想提醒自己，虽然那时成绩一般，但后来的努力让他获得了成功。有位女士发现，她妈妈的好几个电子产品都是用她妹妹的名字来做密码，因此生出了丝丝嫉妒。有位太太发现先生用前女友的生日为密码，在被抓到小辫子之后，那位先生马上改用太太的生日为密码。

真实发生的密码破解争论

2015年12月2日早上，美国加州圣贝纳迪诺公共卫生部门的80多名员工正在宴会厅举办训练课程和圣诞餐会。11点钟时，一对夫妇——两人都是公共卫生部门的员工——突然出现，手持半自动手枪，朝与会员工开火。短短四分钟之内，14人死亡，22人重伤，凶手在警察抵达以前逃离现场。虽然他们两人都戴上了滑雪面罩，可是在场的同事根据声音和身材，马上把男子认了出来。四个小时之后，警察赶到他们的住处时，他们觉察到了，并立即准备逃亡。可是，他们的车子被拦截，两个人都在和警察交火时中枪身亡。

美国联邦调查局（FBI）对此展开全面调查，搜集了几百项人证和物证。虽然他们已经把私人手机毁弃了，但公共卫生部发给该男子的公务手机还在，那是一部苹果5C。可是FBI不知道密码，无法打开手机并读取储存在里头的数据。FBI先请美国国家安全署帮忙破解密码，但是国家安全署无法破解；接下来，FBI请苹果公司帮忙，但是苹果公司拒绝了。这其中的争议和背后的法律、商业责任问题我们稍后再讲。

先回答一般人都会提出的问题——破解手机密码有那么困难吗？手机使用者一般都知道，一部手机的密码通常是四到六个数字和字母组合，一个一个试，破解密码不是完全不可能的事情。但是，苹果手机自带一项保密措施，可以防止“蛮力”破解：输入手机密码时，允许连续犯五次错误，到了第六次犯错，手机会自动上锁一分钟，第七次是五分钟，第八次是 15 分钟，第九次是 60 分钟，第十次又是 60 分钟……换句话说，想逐一尝试的话，光是十个组合就得花上两个多钟头。苹果手机更进一步的保密措施是，如果第十一次输入错误的密码，内存里的所有数据资料就会被完全清除，因此“蛮力”是绝对使不得的。

有人说，既然如此，为什么不干脆把手机里的内存拿出来，把储存在里头的数据直接读出来？反正不都是一大堆 0 和 1 吗？可没那么简单！外面进来的数据会先由操作系统“改头换面”，然后才储存在内存里。反过来，从内存中读取数据，也要由操作系统进行反方向的“改头换面”。用技术性语言来说，储存在内存中的数据，会先经由“编码”的动作被编成密码；从内存中读取出来的数据，会先经由“译码”的动作被还原成信息。

在许多计算机和手机的数据安全系统中，最常用的编码方法是美国国家标准与技术研究院在 2001 年发布的进阶加密标准（AES）。当然，加密要使用加密钥匙，解密要使用解密钥匙。AES 的加密钥匙和解密钥匙是储存在操作系统里的，重点是它们是以密码作为参数的。因此，不知道手机的密码，就无法找出 AES 编码和译码的钥匙了。[①]

苹果手机对密码的保密还有一个关卡，就是这些密码被放在一个特殊的数据文件里，而进入这个数据文件又必须有另外的钥匙。苹果手机有两把钥匙，可以保护这个档案，一把是“UID”（Unique ID），另一把是“GID”（Group ID）。

首先，这两把钥匙属于硬件钥匙，即在硬件制作过程中，在硬件某一个区域制作一连串 256 个 0 和 1。我们可以想象，256 根保险丝，在制作过程中有些被烧断，代表 0；有些没有被烧断，代表 1。每一部苹果手机有它独特的、与别的苹果手机不同的 UID，UID 不能经由软件读出来，苹果公司也没有每

---

① 其实，钥匙就是 128 个或 256 个一连串的 0 和 1。在 AES 加密标准里，加密和解密的钥匙是相同的。让我用 8 个 0 和 1 的组合 $a_1a_2a_3a_4a_5a_6a_7a_8$ 为例子，解释“取代”这个动作，即把 $a_1\cdots a_8$ 改成 $b_1\cdots b_8$。首先把 $a_1\cdots a_8$ 分成四段 a_1a_2、a_3a_4、a_5a_6、a_7a_8，以 a_1a_2 为例，它可能是 00、01、10 或 11，我们有一个“取代表”，例如：00 被取代为 01，01 被取代为 10，10 被取代为 11，11 被取代为 00。接下来 a_3a_4 用另一个取代表改成 b_3b_4；a_5a_6 用第三个取代表改成 b_5b_6；a_7a_8 用第四个取代表改成 b_7b_8。因为每一个取代表都是一对一的取代，只要知道取代表，就可以把 $a_1a_2\cdots a_7a_8$ 取代成 $b_1b_2\cdots b_7b_8$；也可以倒过来，从 $b_1b_2\cdots b_7b_8$ 找回 $a_1a_2\cdots a_7a_8$。接下来移位，把 $b_1b_2\cdots b_7b_8$ 的数字按照预先选定的规则重新排列，变成 $c_1c_2\cdots c_7c_8$。例如，b_1 变成 c_7，b_2 变成 c_4，b_3 变成 c_1 等。很明显，移位的动作也是可逆转的。原来的 $a_1a_2\cdots a_7a_8$，经过取代和移位改头换面，变成 $c_1c_2\cdots c_7c_8$，这叫作一个阶段。一个阶段还不够，$c_1c_2\cdots c_7c_8$，再经过取代和移位，变成 $d_1d_2\cdots d_7d_8$。更进一步，经过 8 个甚至 16 个阶段的取代和移位，原来的 $a_1a_2\cdots a_7a_8$ 就不容易被辨别出来了。其实在 AES 里，在每两个阶段中间，还有一个加密的动作，这里就略过不讲了。在实际的应用里，重要的是按照 AES 加密标准得到的结果的保密性强度。衡量保密程度有两个指标：混乱性和散布性。混乱性是指原始数据和保密数据之间毫无关系，看不出彼此之间的关联；散布性是指稍微改变一下原始数据，保密数据就会大大地改变。换句话说，差不多的原始数据会转变成大不相同的保密数据。按照 AES 加密标准产生的保密数据，的确有高度的混乱性和散布性。

一部苹果手机的UID记录。另一把硬件钥匙GID则是同一类苹果手机共同的ID。手机的UID和手机的密码，经过一个演算程序，产生保密钥匙，用来保护数据文件。这样一来，这些数据文件就只有在这部苹果手机上才能被打开。如果我们把储存数据的内存放在不同的苹果手机上，不同的UID就无法产生正确的保密钥匙，因而无法打开数据文件。

讲了许多苹果手机的保密措施，大家就开始担心：万一忘了手机的密码，或者手机丢了，怎样才可以把储存在手机里的所有资料找回来呢？答案很简单：使用iOS操作系统的装置，包括苹果手机、平板电脑等，都可以把装置里的数据备份储存在云端iCloud上面，并且可以让备份的动作自动执行。大约每隔24小时，只要装置联网，而且在充电的状态中，装置里的数据就会被备份到云端iCloud上。用户需要时，可从iCloud下载下来。当然，其中有一个要点，iCloud账户也有一个密码，因此苹果手机里必须有这个密码的记录，才能把数据备份到iCloud去。

这又把我们带回前面的案例——美国圣贝纳迪诺枪击事件。FBI找到凶犯使用的苹果5C手机，想打开手机并检视里头的数据，但是不知道手机的密码。其实，有一个可能的解决方法被搞砸了。手机中的数据在iCloud里存有备份，可以从iCloud把数据下载下来；但因为这是公务手机，圣贝纳迪诺的工作人员在命案发生之后，以方便下载为理由，重设了iCloud的密码，结果发现最后一次备份是两个多月前做的。从技术上讲，原本可以在这时启动苹果手机的自动备份动作，把手机里最新的数据备份到iCloud去，可是手机里的iCloud密码是旧密码，如今密码被改了，备份这条路就给堵死了。

再来谈谈另一件事。FBI 找苹果公司帮忙破解枪击犯的苹果手机，遭到拒绝，于是司法部向法院提出申请。2016 年 2 月 16 日，法院下令，让苹果公司相助。请注意，法院发出的是一个命令，而不是一张传票[①]。这个命令说，苹果公司必须协助解决下面几个问题：第一，绕过或废除一个功能——连续输入错误的密码达十次以上，手机自动消除全部数据；第二，绕过或废除一个功能——连续输入错误的密码时自动上锁，并且逐渐延长上锁时间；第三，FBI 可以经由 Wi-Fi、蓝牙或其他电子传输的方式，连续输入密码。

当天，苹果公司的 CEO 库克发了一封公开信，指出 FBI 的要求是一个史无前例的要求，并说苹果公司会尽量向 FBI 提供技术上的支持，但是反对这个命令。

面对库克的反对，司法部再提出一个方案，愿意给苹果公司多一点时间，也愿意让苹果公司帮忙装置新手机，FBI 只会经由远距离通信读取数据，事后苹果公司就可以把软件移除、销毁。

2 月 25 日，苹果公司的律师团对法院的命令提出异议，与 FBI 展开了法律上的攻防战。让我们看看争议中的几个要点：首先，法院下达命令的法源是二百多年前的古老法案——1789 年的《所有令状法案》（*All Writs Act*），其中提到“为了因应法令的执行，法院可以下达必要和适当的命令”。当然，

① 传票有两种，一种是提供人证，就是命令被传的人到法庭作证；一种是提供物证，就是命令被传的人呈交实物证据。

按照这个法案，法院不能下达违背其他法的命令，但是可以下达不违背其他法的命令。苹果公司认为这是滥用法案（在其他事件中，曾有过这个法案被滥用的争议），认为政府应该遵循修法和立法的程序，而不是直接引用一个古老的法案来处理21世纪新科技带来的前所未料的情况。同时，苹果的律师团更进一步丢出两个大帽子，其一，他们说这个命令的一些细节，根本违反了美国宪法第一次和第五次修正案；其二，更严重的是，此例不可开，虽然FBI口口声声说只有这一部手机、只有这一个案件，但有了这个先例，司法部就可能一再引用这个法案并下达此类命令了。

从技术的角度来说，这个命令的目的就是想用“蛮力”来破解密码。苹果指出，这需要设计一个新的操作系统，用通俗的语言说，就是要在现有的操作系统中打开一道“后门”。这是以前从没做过的事情，估计需要六到十个工程师花费二到四个礼拜。此外，还有质量控管、研发过程的记录等细节。何况，如果这个操作系统在使用之后被销毁，以后每一次要打开后门，又得重来一次，那是无法负荷的工作量（虽然FBI说愿意负担合理的费用）。同时，一旦苹果解决了“开后门”的技术问题，但技术外泄并流入犯罪、恐怖分子的手中，后果不堪设想。苹果公司多年来努力从事信息安全的研发工作，而现在政府竟然要求苹果采取削弱保密性的行为，上千万的苹果计算机和手机用户，可能因此而陷入私人数据被窃取、盗用的危险状态。

这个议题的争议性甚高，自然有人支持苹果的立场，也有人支持FBI的立场。许多高科技公司都支持苹果，就像库克说的："资料被安全地保管是个人和政府的隐私问题，也是个人和政府的安全问题。"但是也有人支持 FBI 的立场，他们认为苹果把商业利益放在国家和社会的安全之上。

最后，这个事件平和地落幕了。双方在法庭上兵戎相见之前，FBI 宣布：已经找到独立的第三方把密码破解了，也不会再经由法院来强迫苹果帮忙。至于第三方到底是谁、FBI 花了多少钱都是保密的，真相如何也无从得知。不过，这个例子倒是告诉我们，在今天的高科技世界里，法律问题、商业问题、技术问题甚至道德问题，都是错综复杂的。

无所不在的密码

我们从4000多年前埃及人发明的锁一路讲到21世纪的电子产品，其中有一个基本观念：对于一道上了锁的大门，咒语也好，金属做的钥匙也好，字母或数字组成的密码也好，都是用来开锁的唯一工具。有了钥匙，就可以把大门打开；没有钥匙，就进不去。万一钥匙被偷了，小偷就可以通行无阻了。正如京剧《四郎探母》里“盗令”那一场戏里描写的：杨四郎十分思念一别15年的老母，看他思念心切，他的老婆铁镜公主便到银安殿为他盗取了“金批令箭”，让他出关和老母佘太君见面。金批令箭也就是打开防备森严的军营大门的“钥匙”。

回到21世纪的信息世界，密码被盗取是常发生的、非常严重的事情。小偷有了密码，不但可以获取许多秘密数据，也可以做出许多非法行为，如提款和转账等。盗取密码的手段不一而足，而且日新月异。有一个词叫“phishing”，中文译为“网络钓鱼”或者“网络诈骗”。“phishing”源自英文单词“fishing”，网络诈骗就像钓鱼一样，用饵诱导用户不知不觉地提供隐私的数据。

网络钓鱼常用的手法是“电子邮件欺骗”（email spoofing），

诈骗者让用户收到一封非常正式的，从政府、大企业或者自己的好朋友那里寄来的电子邮件，要求用户提供私人数据，如姓名、出生年月日、身份证号码、银行账号、计算机系统的密码等。寄件人的地址、名称等，看起来是合法的，上了当的用户就会把这些私人数据双手奉上了。更有甚者，黑客可以把恶意的程序植入用户的计算机系统，进而找到用户朋友的邮箱，这些人也都成为电子邮件诈骗的对象。

网络钓鱼的另一个做法是“标签绑架”。假设用户在一个合法的网站上浏览信息，譬如 Gmail，趁用户不注意的时候（譬如当用户离开计算机几分钟），网络钓鱼程序会换上一个看起来和原来的合法网站一模一样的网页，接下来就请用户输入私人数据。完成之后，还会把用户转回原来的合法网站，这样便神不知鬼不觉地盗用了用户的私人数据。（这让我想起“狸猫换太子”的故事。）

防止密码被破解、被盗取的做法，就是“多重验证”，其中最常用的是“双重验证”，即通过两种或两种以上的验证才能进入计算机系统。其实这是古老而简单的观念，在很多场合中，我们要出示两项身份证明文件来证明正身，如身份证、驾照等。比较严谨的多重验证有：本人所持有的，如身份证、信用卡、提款卡；本人所知道的，如密码、结婚年月日、家中狗的名字；本人的特征，如指纹、瞳孔或者其他生物特征。

举个最简单的例子，当我们从自助提款机提款时，提款卡和个人密码就组成了双重验证。不过，这行之多年的双重验证已经相当容易被破解了。例如，只要在自助提款机上附加一个小小的装置，就可以在用户刷卡时，将提款机从磁带里读出来的数据抄录下来，也可以录下用户输入密码时的动作，真的是“道高一尺，魔高一丈”。

最后讲一讲用过一次就无效的密码，它叫作“一次性密码”（one time password，OTP），也叫“动态密码”。之前讲的密码都是静态的，也就是可以反复使用的密码。莎士比亚的著名悲剧《麦克白》里说道：**“负责打开地狱之门的守门人，得一再反复使用他的钥匙。”**静态密码明显的缺点是，如果密码被黑客窃听或盗取，黑客就可以为所欲为了。一次性密码是一个只能使用一次的密码，使用后就不再有效。简单的例子是银行发给顾客1000个密码，第一次登录用第一个，第二次登录用第二个，第三次登录用第三个……即使顾客在某一次登录时，密码被窃听，黑客也不能使用这个密码了。不过，这个方法的缺点是，顾客（银行）必须保存一份涵盖1000个密码的表。

这种做法，可以简化为银行和用户同步，即上一次用过的密码经由数学计算产生下一次的密码。例如，银行的计算机系统先产生一个随机数 r，通过散列函数 f，随机数 r 散列1000次，出来1000个结果：$f^{1}(r), f^{2}(r), \cdots, f^{999}(r), f^{1000}(r)$，并把 $f^{1000}(r)$ 储存在银行的系统里。同时，银行也把这个随机数 r 传送给顾客，顾客的计算机系统用散列函数 f 计算999次，算出 $f^{999}(r)$，这就是顾客第一次使用的密码；当银行系统收到 $f^{999}(r)$ 时，系统会把 $f^{999}(r)$ 再散列一次，结果证实 $f^{1000}(r)$，密码就通过了。同时，系统把 $f^{999}(r)$ 储存起来，顾客使用的第二个密码是 $f^{998}(r)$，当系统收到 $f^{998}(r)$ 时，系统把 $f^{998}(r)$ 再散列一次，结果证实 $f^{999}(r)$，密码也就通过了。这个方法在观念上清晰易懂，但缺点是只能使用固定次数，然后又得重新做起，而且计算量相当大。

另一个产生一次性密码的方法叫作“时间同步”（time synchronization）。例如，银行和顾客有一个同步的时钟，双方按照时钟展示的时间，用数学方法算出一个密码。假如每隔60秒算出一个新的密码，则一个密码在60秒以后就变成无效的了。说详细一点，为了避免双方的时钟不完全同步，对于每一个时间点的密码，银行会接受与该时间点相差5分钟以内的那十个密码。现在，的确有许多银行都在使用时间同步的一次性密码。

第6堂

用最省钱省心的方式揪出问题

不管是找出汤里的老鼠屎，还是实施一个商业大布局，聪明人都会这样做，辨别出方案中的BUG和分辨事物的真伪。

一粒老鼠屎坏了一锅粥

中国有一句俗语：一粒老鼠屎，坏了一锅粥。美国也有一个相似的说法：一枚烂苹果，坏了一整桶（One rotten apple spoils the barrel）。这两句话的原意是，在一个群体中，一点小瑕疵会蔓延开来，对整个群体造成全面的影响和破坏。要怎样在一锅粥里把老鼠屎挑出来、从一桶苹果中把烂苹果挑出来呢，而且还得有效率？

我们来看一个具体的例子。有101个铜板，51个是真的，50个是假的，真铜板的重量都相同，假铜板的重量也都一样，真的和假的相差一克，但是不知道孰轻孰重。有一个天平，可以称出重量之差，题目是：在这些铜板里随机挑出一个，使用天平一次，决定挑出的铜板是真还是假。

如何操作？首先，让我们假设假铜板比真铜板重，挑了一个铜板之后，把剩下来的铜板分成两半，各50个，分别放在天平的两边。假设左边有 L 个假铜板，右边有 R 个假铜板，如果挑出的那个铜板是假的，$L+R=49$；如果挑出的铜板是真的，$L+R=50$。因此我们想要知道 $L+R$ 到底是49或50。

用 g 代表一个假铜板的重量，$(g-1)$ 代表一个真铜板的重量，因此：

$$天平左边的重量 = L \times g + (50 - L)(g - 1)$$

$$天平右边的重量 = R \times g + (50 - R)(g - 1)$$

$$天平两边重量差 = (L - R)g - (L - R)(g - 1) = L - R$$

让我们复习一点数学知识：L 和 R 是两个整数，若 $L+R$ 是奇数，则 $L-R$ 也是奇数；若 $L+R$ 是偶数，则 $L-R$ 也是偶数。因此，若 $L-R$ 是奇数，则 $L+R$ 等于 49，挑出来的是假铜板；若 $L-R$ 是偶数，则 $L+R=50$，挑出来的是真铜板。这个解答方法同时适用于假铜板比真铜板"轻"的可能情况。

这道题还有一个完全不同的解答方法。把挑出来的铜板放在天平的一边，剩下的 100 个放在另一边，

若挑出的是假铜板，则

$$天平两边重量差 = [51(g-1) + 49g] - g = 99g - 51$$

若挑出的是真铜板，则

$$天平两边重量差 = [50(g-1) + 50g] - (g-1) = 99g - 49$$

$99g-51$ 能被 3 整除，$99g-49$ 不能被 3 整除，因此判断天平两边的重量差是否能被 3 整除，就知道你挑的是真铜板还是假铜板了！

我们再来看一道题目：9 个铜板中有一个是假的，而且假铜板比真铜板重，只能使用天平两次，如何把假的铜板找出来？先把 9 个铜板分成 3 堆，每堆 3 个，把其中两堆放在天平的两边，如果一边重、一边轻，那么假铜板就在重的那一边；如果两边平衡，那么假的铜板就在第三堆。接下来，问题就简

化为：有 3 个铜板，其中一个比较重，怎样把假铜板找出来？只要把其中两个放在天平的两边，真假立辨。

再看下一道题：有 12 个铜板，其中有一个可能是假的，而且假的可能比较重，也可能比较轻。你只能使用天平三次。问题是：第一，其中有没有一个假铜板？第二，如果有的话，这个假铜板是比较重，还是比较轻？

让我先讲一个听起来比较复杂的解答方法。把 12 个铜板表示为①②③④⑤⑥⑦⑧⑨⑩⑪⑫。把①②③④放在天平的一边，把⑤⑥⑦⑧放在天平的另一边，会出现两种可能：天平两边是平衡的；天平两边是不平衡的。

如果天平两边是平衡的话，①②③④⑤⑥⑦⑧都是真铜板。接下来，拿三个真铜板放在天平的一边，再把⑨⑩⑪放在天平的另一边，也会出现两种可能：如果天平两边平衡，那么只剩下⑫，它是唯一可能的假铜板。第三次使用天平时，就拿一个真铜板和⑫比一比就行了。如果天平两边不平衡的话，我们就知道⑨⑩⑪里有一个是假的，也能知道这个假铜板是比较重还是比较轻。第三次使用天平时，就比较⑨和⑩，如果天平不平衡，比较重的一边就是假铜板；如果天平平衡，那么⑪就是比较重的假铜板。

回过头来，如果一开始把①②③④放在天平一边，把⑤⑥⑦⑧放在天平另一边，天平两边不平衡——假设①②③④比较重，⑤⑥⑦⑧比较轻；第二次就把①②⑤放在天平一边，③④⑥放在天平另一边，出现两种可能：如果天平两边是平衡的，①②③④⑤⑥都是真的铜板，只有⑦或⑧是一个比较轻的假铜板，第三次再用⑦和一个真的铜板相比，答案就出来了。如果天平两边是不平衡的，也会出现两种可能：第一，如果①②⑤还是比较重，③④⑥比较轻，那么，①和②之间有一个比较重，或者⑥比较轻，第三次把①和②比一比答案就出来了。第二，如果是①②⑤变得比较轻，③④⑥变得比较重，那么，③和④中有一个比较重，或者⑤比较轻，第三次再把③和④比一比，答案就出来了。

也许这个解答听起来太过复杂，让我讲一个比较简单的答案：第一次天平的左边放①②③④，右边放⑤⑥⑦⑧；第二次天平的左边放①⑤⑥⑦，右边放⑧⑨⑩⑪；第三次天平的左边放①②⑤⑨，另一边放③⑥⑩⑫。

接下来，使用天平的时候：如果两边平衡，写下0；如果左边比较轻，写下1；如果左边比较重，写下2。使用天平三次，写下三个数字，以竖行来表示。这听起来好像有点玄，其实仔细一看就知道，使用天平三次，就把假铜板找出来了。

请看下面的表6-1：

表6-1

	铜板 天秤使用次数	①	②	③	④	⑤	⑥	⑦	⑧	⑨	⑩	⑪	⑫
轻	1	1	1	1	1	2	2	2	2	0	0	0	0
	2	1	0	0	0	1	1	1	2	2	2	2	0
	3	1	1	2	0	1	2	0	0	1	2	0	2
重	1	2	2	2	2	1	1	1	1	0	0	0	0
	2	2	0	0	0	2	2	2	1	1	1	1	0
	3	2	2	1	0	2	1	0	0	2	1	0	1

结论：①如果三个数字是 $\begin{matrix}1\\1\\1\end{matrix}$，就代表第一个铜板是假的，而且比较轻；如果三个数字是 $\begin{matrix}2\\2\\2\end{matrix}$，就代表第一个铜板是假的，而且比较重。

②如果三个数字是 $\begin{matrix}1\\0\\1\end{matrix}$，就代表第二个铜板是假的，而且比较轻；如果是 $\begin{matrix}2\\0\\2\end{matrix}$，则代表第二个铜板是假的，而且比较重。

③如果三个数字是 $\begin{matrix}0\\0\\0\end{matrix}$，就代表 12 个铜板都是真的。

敏锐的读者马上观察到，使用天平三次，有 27 个不同的结果，$\begin{matrix}0\\0\\0\end{matrix}$ 加上表 6－1 中的 24 个结果，还剩下 $\begin{matrix}1\\1\\2\end{matrix}$ 和 $\begin{matrix}2\\2\\1\end{matrix}$ 这两个结果。这两个结果是不可能发生的，有兴趣的读者可以自行验证。

有人问，如果有 13 个铜板，这道题目可以解吗？这个问题问得十分有水平。因为我们讲过，使用天平一次，有三个不同的结果；使用天平三次，就有 27 个不同的结果。13 个铜板的真和假也正好有 27 种可能，所有铜板都是真的，每一个铜板都可能是比较重或比较轻的，能不能找到这道题的解法呢？答案是肯定的，不过我们需要有第 14 个铜板——真铜板作为辅助。解答方法就留给有兴趣的读者去探索了。

在铜板的案例中，我们用了两种不同的方法。因为我想指出，从算法的观点来看，这两种方法有一个基础性的不同：第一种方法是先使用天平一次，按照这一次的结果决定下一次怎么做；接下来按照第二次的结果决定第三次怎么做①，通俗一点讲，就是“摸着石头过河”，走一步看一步。而第二种方法却是预先决定了怎样分三次使用天平，按照三次使用的结果把答案找出来②，通俗一点讲，就是“以不变应万变”。

① 这叫作“自适应算法”。
② 这叫作“非自适应算法”。

布局：稳输还是稳赢？

有一个双人竞赛的铜板游戏：有若干堆铜板，每一堆铜板的数目都是随机的，两个对手轮流从其中一堆拿走任何数目的铜板，最后一个把铜板拿光的人获胜。这个游戏英文名为“Nim Game”，中文译名为尼姆游戏。

我们先看一个简单的例子。假设有两堆铜板，一堆有 2 个，另一堆有 3 个；有 A、B 两个对手，A 先拿。A 从 3 个那堆拿走 1 个，剩下两堆每堆都是 2 个，这时候 B 就输定了，为什么？假如 B 拿一堆，A 拿走另一堆，B 就输了。假如 B 从其中一堆拿走 1 个，A 就可以选择从另一堆拿走 1 个，这时剩下两堆每堆 1 个，B 又输定了。

再看第二个例子。有三堆铜板，分别是 1 个、3 个和 5 个。假如 A 先从第三堆拿走 3 个，剩下来的三堆铜板数量则变为：1 个、3 个和 2 个，让我告诉你，B 输定了。比如，B 从第二堆拿走 1 个，则三堆铜板数量变成 1 个、2 个、2 个；A 把第一堆拿走，剩下的两堆铜板数量都是 2 个，B 输定了。

让我用 $(X_1, X_2, \cdots, X_p)$ 代表 p 堆铜板每一堆里的铜板数目，$(X_1, X_2, \cdots, X_p)$ 被称为一个布局。在上面的例子里，(2, 3) 是一个布局，(1,3,5) 是一个布局，这个游戏就是从一个布局开始，A把这个布局变成一个新的布局，交给B；B又把它变成另一个布局，再交给A……反反复复，直到最后没有铜板剩下来为止。

在这个游戏里，布局可以分成两类：稳赢和稳输的布局。对于稳赢的布局，有一个策略可以把它变成稳输的布局，再交给对手；反过来，对于稳输的布局，没有任何策略可以把它变成另一个稳输的布局，再交给对手。换句话说，如果一开始是稳赢的布局，只要A懂得稳赢的策略，就一定可以把稳输的布局交给B，B别无他途，一定会把一个必赢的布局交给A，这样一来一往，A最后肯定是赢的。反过来，如果一开始是稳输的布局，不管A选择怎样走，一定会把一个稳赢的布局交给B，只要B懂得稳赢的策略，A最后肯定会输。换句话说，如果A和B都是高手，一开始的布局就决定谁是赢家了。

让我用第二个例子来解释一下这些观念。一开始，(1,3,5)是一个稳赢的布局，A从第三堆拿走3个，剩下来的(1,3,2)是一个稳输的布局，交给了B。无论B怎样拿，比如从第二堆拿走1个，剩下(1,2,2)；或者从第三堆拿走1个，剩下(1,3,1)；又或者把第一堆全部拿走，剩下(3,2)。A拿到的，就都是稳赢的布局。接下来，A把(1,2,2)变成(2,2)，或者把(1,3,1)变成(1,1)，再或者把(3,2)变成(2,2)，然后交给B，对B来说，又都是稳输的布局。

这样一来，我们得回答三个问题：第一，怎样决定稳赢或稳输的布局？第二，怎样把稳赢的布局变成稳输的布局，再交给对手？第三，为什么稳输的布局，不可能变成另一个稳输的布局，再交给对手？这听起来有点玄，但只要把背后的数学法则讲出来，一切就了如指掌了。

首先，我们复习一下二进制数的异或运算（用符号⊕代表），即 $0\oplus0=0$，$0\oplus1=1$，$1\oplus0=1$，$1\oplus1=0$。换句话说，二进制的加法运算是有进位的，异或运算是不进位的。其次，有两个 n 位的二进制数，分别是：$a_n a_{n-1}\cdots a_2 a_1$ 与 $b_n b_{n-1}\cdots b_2 b_1$，把相对的数字用异或运算加起来，结果就是这两个二进制数的"拈和"（Nim Sum）。

我用 $(X_1,X_2,\cdots,X_p)$ 代表一个布局，例如(2,3,4,6)，把 $(X_1,X_2,\cdots,X_p)$ 用二进制数来代表，(2,3,4,6)就变成(010,011,100,110)。把 $(X_1,X_2,\cdots,X_p)$ 的拈和计算出来，就是

$$\begin{array}{c} 0\,1\,0 \\ 0\,1\,1 \\ 1\,0\,0 \\ \underline{1\,1\,0} \\ 0\,1\,1 \end{array}$$

结论如下：

①如果 $(X_1,X_2,\cdots,X_p)$ 的拈和是一连串的"00…0"，那 $(X_1,X_2,\cdots,X_p)$ 是一个稳输的布局；相反，如果 $(X_1,X_2,\cdots,X_p)$ 的拈和不是一连串的 0，就是一个稳赢的布局。

②如果 $(X_1,X_2,\cdots,X_p)$ 是一个稳输的布局，那么，从任何一堆铜板中取走任何一个数目的铜板，例如从 X_i 取走 Y 个铜板，结果就是一个稳赢的布局；换句话说，$(X_1,X_2,\cdots,X_i-Y,\cdots,X_p)$ 的拈和肯定不是一连串的 0。

③如果 $(X_1,X_2,\cdots,X_p)$ 是一个稳赢的布局，那么，从某一堆铜板中取走若干个铜板，例如从 X_i 取走 Y 个铜板，结果就

是一个稳输的布局；换句话说，我们一定能够从一个稳赢的布局选择出一组 X_i 和 Y，让 $(X_1, X_2, \cdots, X_i - Y, \cdots, X_p)$ 的拈和一定是一连串的 0（X_i 和 Y 可能有不同的选择，至于如何选择 X_i 跟 Y，就留给有兴趣的读者去探索）。

我们接着看一个例子：

首先，开始的布局是(2,3,5)，拈和是 $\begin{array}{c}010\\011\\101\\\hline 100\end{array}$，因此(2,3,5)是稳赢的布局。然后，A 从五个那一堆拿走 4 个铜板，余下来的布局是(2,3,1)，拈和是 $\begin{array}{c}010\\011\\001\\\hline 000\end{array}$，因此(2,3,1)是稳输的布局。接下来，B 可以随后从任何一堆拿走任何数目的铜板，譬如说从 3 个那一堆拿走 1 个铜板，余下来的布局是(2,2,1)，拈和是 $\begin{array}{c}010\\010\\001\\\hline 001\end{array}$，因此(2,2,1)是稳赢的布局。最后，A 把只剩下一个铜板的那一堆拿走，余下来的布局是(2,2)，拈和是 $\begin{array}{c}010\\010\\\hline 000\end{array}$，因此(2,2)是稳输的布局。

接下来，我要介绍一个游戏，叫作“乌龟翻身”。有 p 只乌龟，由左到右一列排开，有些乌龟背朝上，有些乌龟背朝下。假设有 7 只乌龟，由左至右的排列是“上上下上下上上”，这叫作一个布局。面对这个布局，有三个可能的动作：

①把一只背朝上的乌龟翻过来，变成背朝下。②把一只背朝上的乌龟翻过来，变成背朝下；同时把它左边的任何一只背朝下的乌龟翻过来，变成背朝上。③把两只背朝上的乌龟都翻过来，变成背朝下。两人对战，最后把所有乌龟都翻成背朝下状态的那个人，就是赢家。

大家一定会好奇，这个游戏有没有稳赢或稳输的布局，有没有稳赢的策略。其实，“乌龟翻身”就是尼姆游戏。p 只乌龟一列排开，代表一个布局：一共有 p 堆铜板，在位置 a 背朝上的乌龟，代表一堆 a 个铜板；在位置 b 背朝下的乌龟，代表一堆 b 个铜板。因此游戏规则就是：第一，把位置 a 的背朝上的乌龟翻过来，就等于把这堆铜板全部拿走；第二，把位置 a 的背朝上的乌龟翻过来；同时，把它左边的位置 b 的背朝下的乌龟翻过来。等于从一堆 a 个铜板里头拿走（$a-b$）个铜板，剩下一堆 b 个铜板（请注意 $b<a$）；第三，把位置 a 和位置 b 的背朝上的乌龟翻过来，等于从一堆 a 个铜板拿走（$a-b$）个铜板，剩下一堆 b 个铜板。这个布局里，还有一堆也有 b 个铜板，我们就把这两堆都拿走。[①]

讲一点数字通信里的“编码学”。在数字通信里，用一连串由 0 和 1 组成的字符串代表不同的信息，黑与白、是和不

---

① 在尼姆游戏里，如果一个布局里有两堆数目相同的铜板，那么把这两堆铜板拿走后的布局，和原来的布局相同。换句话说，如果一个布局里有数目相同、都是 b 个铜板的两堆，把这两堆铜板拿走，原来稳赢的布局还是稳赢，原来稳输的布局还是稳输。原因是，如果面对一个稳赢的布局，里面有数目相同、都是 b 个铜板的两堆，策略就是不碰这两堆铜板；如果对手从稳输的布局里，从 b 个铜板的一堆拿走若干个铜板，相应的策略就是在另外一堆拿走相同的数目，稳赢的还是稳赢，稳输的还是稳输。

是、开和关、生和死，都可以用 0 和 1 来表示。但是，在传递信息的过程中，有种种外部因素可能引发错误，比如把原来要传递的 0 变成 1、把 1 变成 0，等等。这些错误可能会带来严重后果。因此，在数字通信里有一个重要的课题，就是当我们传递 0 和 1 的字符串的时候，怎样保证接收方收到的信息是原来发出的信息。当接收方收到一个 0 和 1 的字符串时，有三种可能的情形：第一，接收方确定，收到的 0 和 1 的字符串正确无误；第二，接收方发现，收到的 0 和 1 的字符串中含有错误，但是无法确定哪一个 0 或 1 有错，这叫作“错误的发现”（error detection）；第三，接收方发现，收到的 0 和 1 的字符串有错误，而且知道如何修正，这叫作“错误的改正”（error correction）。

当我们用 0 和 1 代表两个不同的信息，把字符串传递出去时，如果在传递的过程中，0 变成 1 或 1 变成 0，那就无法发现和改正这个错误。但是，如果我们用 00 和 11 代表两个不同的信息，收到 00 和 11 的时候，就能确定有没有错误。反过来说，收到 01 或 10 的时候，就知道在传递的过程中，有一个 0 变成 1，或者有一个 1 变成 0。可是，我们只能知道错误发生了，却不知道错在什么地方。换句话说，我们不知道原来传递的是 00，还是 11，这就是“一个错误的发现”（single error detection）。

更进一步，如果用 000 和 111 代表两个不同的信息，收到 000 和 111 的时候，就能确定有没有错误。如果收到 001、010 或 100，我们就知道在传递的过程中，一个错误发生了，原来的一个 0 被错误地改变为 1，因此就把这些 1 都改为 000；如果收到011、101或110，我们就知道在传递的过程中，一个错误发生了，原来的一个1被错误地改为0，因此就把这些0都改为1。这就是“一个错误的改正”（single error correction）。当然，必须有一个前提：传递000的时候，可能发生两个错误，变成011，甚至发生三个错误，变成111；一个错误发生的概率，远高于两个或三个错误发生的概率。这个简单的例子，告诉我们怎样选择不同0和1的字符串，以代表不同的信号，达到“发现错误”或者“改正错误”的目的。

使用编码技术，可以发现或改正在传递0和1的字符串时发生的错误。一个“编码”（code）有若干个长度相同的0和1的字符串，这些字符串就叫作“码字”（code words）。码字可以用来代表不同的信息，例如{001 011 101 110}是一个编码，码字的长度是3，总共有4个码字，可以用来代表4个不同的信息。

接下来，我要介绍一下“距离”这个概念。两个长度相同的0和1字符串之间的距离，是指在相对应的位置上，不相同的数字的数量。例如，00和11之间的距离是2，01和10之间的距离也是2，000和111之间的距离是3，0111和1010之间的距离也是3。一个“编码的距离”，是编码里任何两个码字的距离最小值，例如{000 011 101 110}这个编码的距离是2，因为其中任何两个码字的距离都是2；{000 001 100 111}这个编码的距离是1，因为其中000和001的距离是1。

如果编码里的任何一个码字在传送的过程中发生错误，就可以知道错误发生了，就称这个码字具有“发现一个错误”的能力；如果可以把这个错误改正过来，就称这个码字具有

“改正一个错误”的能力。

有一个定理：一个距离大于或等于2的编码，具有“发现一个错误”的能力；一个距离大于或等于3的编码，具有“改正一个错误”的能力。从直觉来说，这个定理非常明显。在一个距离是2的编码中，一个错误只会把一个编码的码字，变成一个不是编码的码字，所以就知道错误发生了。在一个距离是3的编码里，一个错误只会把一个编码的码字，变为一个不是编码的码字，而且和原来的码字的距离是1，和其他码字的距离大于或等于2，所以就可以把错误的码字，改为正确的码字。

让我先介绍如何设计一个距离等于2的编码。假如有16个不同的信息，要用16个不同的0和1字符串来表示，写16个长度是4的0和1字符串，例如{0000 0001 0010 0011…1110 1111}。假如在一个长度是4的0和1字符串里，1的数量是偶数，在这个字符串后面加上一个0，例如把0000变成00000；反过来，如果1的数量是奇数，在这个字符串的后面加上一个1，例如把1000变成10001。这样一来，编码里就有16个码字，每个码字的长度是5。我们说这个编码的距离是2，原因很简单，这个编码里的每一个码字里，1的数量都是偶数，因此任何两个字符之间的距离不可能是1。

很明显，这个编码有发现错误的能力：当接收方收到一个0和1字符串时，如果1的数量是偶数，就可以认为这是没有错误的传递；如果1的数量是奇数，就可以知道，在传递的过程中发生了一个错误①。

---

① 熟悉通信和计算机科学的读者马上会知道，这叫作“奇偶校验码”。

让我再介绍一下如何设计距离等于 3 的编码。假设有 16 个不同的信息，要用 16 个不同的 0 和 1 字符串来代表，选择 16 个长度是 7 的 0 和 1 字符串，这 16 个字符串是：{0000000 0001011 0010101 0011110 0100110 0101101 0110011 0111000 1000111 1001100 1010010 1011001 1100001 1101010 1110100 1111111}。它们都满足一个条件：用 x_1、x_2、x_3、x_4、x_5、x_6、x_7来代表每个字符，则 $x_4+x_5+x_6+x_7=0$，$x_2+x_3+x_6+x_7=0$，且 $x_1+x_3+x_5+x_7=0$。

这个编码叫作汉明码，是科学家理查德·汉明（Richard Hamming）所发现的。汉明码的距离是 3，至于怎样证明，就留给有兴趣的读者了。这个编码有改变单一错误的能力，听起来很玄，但只要把背后的数学原理讲出来，一切就会很清楚了。

从实用性来说，密码学在通信、计算机科学里，是一个重要的课题。有趣的是，密码学和游戏也有密切的关系。一个 0 和 1 字符串，可以看成“乌龟翻身”游戏中的一个布局，1 代表背朝上，0 代表背朝下。字符串 10011，就代表 5 只乌龟从左到右排列开来，背部的朝向分别是上、下、下、上、上。一个有趣的结果是，属于汉明码的任何一个码字，都是乌龟翻身游戏里稳输的布局；不属于汉明码中的任何一个码字，都是乌龟翻身游戏里稳赢的布局。例如 1100001，是汉明码里的一个码字，所以它是一个稳输的布局；反过来，1100111，不是汉明码里的码字，所以它是一个稳赢的布局。

我们沿着找破绽（英文叫作“nitpicking”，意为抓虱子）这个方向继续讲。

假设100个入伍新兵要验血、筛检某传染病患者，一次血液检测的费用是c元，总费用就是100c元。但是，在一般情况下，该传染病的染病率相当低，在这100个新兵里，可能没有或者只有一两个是患者。因此可能节省检测费用的做法是，把这100个入伍新兵分成10组，每组10个人，把这10个人的血液样本混合起来检测，如果检测的结果是阴性，就表示他们都不是患者；如果检测的结果是阳性，再单独检测这10个人的血液样本，从而把患者找出来。

因此，假设这100个新兵里根本没有患者，检测完十组混合过的血液样本后，就可以说这100个新兵都通过了血液检测，总费用是10c元。假如这100个新兵里有一个患者，在检测10组混合过的血液样本后，我们知道其中一组里有1个是患者，再单独检测这一组的血液样本，所以检测的总费用是20c元。假设这100个新兵里有2个患者，检测完10组混合过的血液样本后，如果这两个人刚好在同一组，只要再单独检测这一组的10个人，总费用是20c元；如果这两个人不在同一组，就单独检测这两组共20个人的血液样本，总费用是30c元。假设这100个新兵里，有10个或10个以上的患者，在最坏的情况下，检测了10组混合过的血液样本后，还得单独检测每一个人的血液样本，总费用变成110c元，那就多此一举了。

这个例子阐述了统计学里被称作“分组测试”的方法：把所有待测试的样本分组，先集体检测每一组的共同性质，如果有必要，再单独检测每一个样品的性质。其实，这个方法背后的思维，与“一粒老鼠屎，坏了一锅粥”和“一枚烂苹果，坏了一整桶”一样。比如，我们都见过装饰用的一串串小灯泡，用电机工程的语言来说，小灯泡在电路中是串联起来的，如果插上电源，整串都亮起来，代表所有的小灯泡都是好的；如果没有亮起来，这串小灯泡里肯定有一个或多个是坏的。再比如，有些需要被密封起来的工业产品，其中含有不应该外泄的气体，检测质量时，把若干个产品同时放在一个容器中，再检测这个容器里有没有外泄的气体，就可以知道质量是否过关。

在许多现实的应用问题中，分组测试是一个可行、有效的测试方法，不过也有一些先决条件。以检测血液样本为例，第一，把不同的血液样本混合起来，被检测的因子不能相互影响，甚至发生化学反应。说直白一点，一粒白老鼠的屎加上一粒黑老鼠的屎，不会把一锅白粥变成鲍鱼鸡粥。第二，检测单一的血液样本和混合的血液样本时，工作量或困难度不会增加。换句话说，含有病毒的血液样本，即使被其他样本稀释了，也并不需要更精密的仪器或更复杂的过程，才能把病毒检测出来。第三，血液样本足够多，例如一次采血之后，有足量的样本，可以用来做两次或多次的检测（次数往往会有一个上限）。

对分组测试这个课题，统计学家做了许多深入的研究，我介绍一下测试方法。介绍之前，我们先建立一个比较精准的数学模型：假设有 n 个入伍新兵，把他们分成 g 组，每组 k 个人，$g=\frac{n}{k}$。测试方法是：把每一组的 k 个人的血液样本混合起来，做一次检测，如果某一组检测的结果是阳性，再单独检测该组里每一个成员的血液样本。有人会问，每组的人数 k 为多少，才是最佳的检测方案呢？很明显，这和在 n 个新兵里有多少个人是患者有关。从统计分析的观点来说，可以根据在 n 个新兵里，平均有多少个或最多有多少个可能是患者的数据来进行不同的分析，这两种分析的结果大致相同。在这里，我们就选用后者：假设我们已经知道，在 n 个新兵里，最多有 d 个人是患者，那么要检测的次数，一定是小于或等于 $\frac{n}{k}+dk$。因为第一阶段要做 $\frac{n}{k}$ 次检测，第一阶段之后，最坏的可能是，有 d 组检测的结果呈现阳性，因此有 dk 个人必须再单独检测。

$\frac{n}{k}+dk$ 的最小值，是当 $k=\sqrt{\frac{n}{d}}$ 时取到。例如，$n=100$，$d=1$，$k=\sqrt{100}=10$；$n=200$，$d=1$，$k=\sqrt{200}=14.15\approx14$；$n=1000$，$d=1$，$k=\sqrt{1000}=31.6\approx32$。反过来，若 $n=100$，$d=2$，则 $k=\sqrt{\frac{100}{2}}=\sqrt{50}\approx7$；若 $n=100$，$d=3$，则 $k=\sqrt{\frac{100}{3}}=5.77\approx6$。基本的观念是，如果相对来说，可能的患者数目比较少，就可以把比较多的样本混合起来检测。

这个检测方法，可以说是两阶段的检测方法。很明显，也可以推广为三阶段或更多阶段的检测方法。在三阶段的检测方法中，第一阶段，把 n 个入伍新兵分组，每组 k_1 个人，一共有 $\frac{n}{k_1}$ 组，在最坏的情况下，有 d 组的检测结果呈现阳性。第二阶段，把 dk_1 个人分成若干组，每组 k_2 个人，因此一共有 $\frac{dk_1}{k_2}$ 组。

在最坏情况下，有 d 组检测的结果呈现阳性。第三阶段，一一检测这些人的血液样本，这样一来，一共检测的次数是 $\frac{n}{k_1}+\frac{dk_1}{k_2}+dk_2$。我们可以算出总次数的最小值，此时 $k_1=\left(\frac{n}{d}\right)^{\frac{2}{3}}$，$k_2=\left(\frac{n}{d}\right)^{\frac{1}{3}}$。例如：

$$n=100, d=1, k_1=100^{\frac{2}{3}}\approx 21.54, k_2=100^{\frac{1}{3}}\approx 4.64$$

$$n=200, d=1, k_1=200^{\frac{2}{3}}\approx 31.19, k_2=200^{\frac{1}{3}}\approx 5.84$$

$$n=100, d=2, k_1=50^{\frac{2}{3}}\approx 13.57, k_2=50^{\frac{1}{3}}\approx 3.68$$

谁在说谎？

上节讨论的数学模型，也可以这样描述：有 n 个样本，其中 d 个可能有瑕疵，把所有的样本分成 g 组，再进行检测。这个模型的一个特例是 $d=1$，$g=2$，也就是说，我们知道只有一个样本有瑕疵，而且只把样本分成两组做检测。例如，有 n 个铜板，其中一个是比较轻或比较重的假铜板，我们把铜板分成两堆，然后决定铜板在哪一堆。

最常见的例子是计算机算法中的一个题目：有一个数 x，它的值在数 a 和数 b 之间，要判断 x 的数值。操作时，我们可以问 x 是不是大于某一个数字，但得到的答案只有“是”或“不是”。最佳的算法就是，用最少的提问，把 x 的数值找出来，大家最熟悉的算法就是“二分法”。例如，x 在 1 和 1000 之间，第一次问“x 大于 500 吗”，如果不是，就知道 x 在 1 和 500 之间。接下来问“x 大于 250 吗”，如果是，就知道 x 在 250 和 500 之间。接下来再问“x 大于 375 吗”，依此类推。

总结一下，二分法的基本条件，就是已经知道 x 在 a 和 b 之间，提问时，只需要问“x 大于$\frac{a+b}{2}$吗”。因为$\frac{a+b}{2}$是 a 和 b 的中间值，把 a 到 b 之间的数分成两等份，这样提问可以平均风险。

在这个模型里，有趣的变化是，答案里有一个是谎言，那么至少要提问多少次，才能把 x 的数值找出来？有人说，这还不简单，只要按照原来的模型，把问题重复一次，比如，问“x 大于 250 吗”，答案为“是”，然后再重复问一次，“x 大于 250 吗”，如果答案还是“是”，就可以肯定“是”是诚实的答案，因为谎言只能有一个。反过来，如果第二次提问，答案是“不是”，则这两个答案之中就有一个是谎言。然后，再接着问“x 大于 250 吗”，得到的答案就一定是诚实的答案了。因此，如果说在没有谎言的模型中，要提问 t 次；那么，在有一个谎言的模型中，就需要提问 $2t+1$ 次。例如，x 在 1 和 1000000 之间，在没有谎言的情况下，要提问 20 次；在有一个谎言的情况下，提问 $2\times20+1=41$ 次就可以了。

提问的次数可不可能少于 41 次呢？这正是著名数学家斯塔尼斯拉夫·乌拉姆（Stanisław Marcin Ulam）在大半个世纪以前提出的问题。经过许多数学家的努力，最后的答案是：提问 25 次就够了。要表述其论证过程，得花相当大的篇幅，就留给有兴趣的读者自行探索吧。

不过，下面我为大家介绍的另一个做法比上不足，比下有余，不需要提问 41 次，35 次就够了。这个做法的思路和检测新兵的血液样本相似。按照没有谎言的模型提问，重复每一个问题，把谎言找出来，这和单独检测每一个入伍新兵的血液样本相似。连续提了五个问题后，要检测这五个问题的答案里有没有谎言，和把五个入伍新兵的血液样本混合起来检测相似。

另一个相似的情境是，检察官在审问犯罪嫌疑人，可以逐一检查每个回答是不是谎言，也可以一口气问完五个问题后，再来判断犯罪嫌疑人的五个答案里有没有谎言。假如提了五个问题，得到这样的回答：

$x > 500000$ 吗？⇒不是

$x > 250000$ 吗？⇒是

$x > 375000$ 吗？⇒不是

$x > 312500$ 吗？⇒是

$x > 343750$ 吗？⇒是

如果这五个答案都是诚实的，我们可以知道：$343750 < x \leqslant 375000$，然后就继续依照二分法提问。如果这五个答案中有一个可能是谎言，我们不需要花力气去逐一验证，只需要重复两个问题：

$x > 343750$ 吗？

$x > 375000$ 吗？

如果答案和原来的答案相同，那么原来的五个回答都是诚实的。

反过来，如果有一个答案和原来的答案不同，那原来的五个回答是可疑的（虽然可能全是诚实的回答）。不过，也不需要费力气逐一验证这五个回答，干脆把原来的答案都丢掉，重复这五个问题，因为一个谎言已经被排除，接下来就是“康庄大道”——所有问题的回答都一定是诚实的了。

让我指出一个小细节：如果五个问题原来的答案都是“是”，就再继续问：

$x > 500000$ 吗？

如果原来的答案都是“不是”，就再问：

$x > 250000$ 吗？

这样便可以判定原来的答案中有没有谎言。

让我们算一算，一开始的时候，x 在 1 和 1000000 中间，在没有谎言的模型里，需要提 20 个问题。在有一个谎言的模型里，把这 20 个问题分成 4 组，每组 5 个问题。因此，针对每一组，都要问 7 个问题（5 个原来的问题，加上 2 个用来检测的问题），而且有一组问题要重复问，所以在最坏的情况下，需要问 $(4+1)\times 7=35$ 个问题。如果把没有谎言的模型中的 20 个问题分成 5 组，每组 4 个问题，那么，在有一个谎言的模型中，提问的总次数是 $(5+1)\times 6=36$。如果把 20 个问题分成 3 组，每组 6 个问题，对这 3 组问题，提问的总次数是 $(3+1)\times 8=32$；还剩下 2 个问题，可以用 5 次提问来测试答案中有没有谎言，那么提问的总次数是 37。

总结一下：如果在没有谎言的模型中，需要 t 个问题，那我们应该把这 t 个问题分成多少组，才能够得到最佳的答案？答案大约是 $\sqrt{2t}$。利用一点微积分的知识，就可以把答案找出来了。至于有2个或2个以上谎言的情况，那就是更复杂的问题了，这里暂不论述。

最后，相信大家都玩过或在电视上看过一种游戏：主持人心里选定一个人物，观众可以提出问题，请主持人回答，最后，观众需要把这个人物找出来。

> “他住在台北吗？”
> “是。”
> “他是医生吗？”
> “是。”
> “他很聪明吗？”
> “是。”
> “他姓柯吗？”
> “是。”

有人说：“那一定是柯文哲了。”这可不一定，在台北有一位妇产科医师，叫作柯沧敏。假如主持人的回答里有一个谎言，比如“他住在台北吗”，诚实的回答是“不是”，那就有人说：“那一定是柯建铭。”因为柯建铭住在新竹，原来曾是一位牙科医师。不过这也不一定，新北市永和区有一位妇产科医师，叫作柯瑞祥。假如“他是医生吗”这个问题，诚实的回答是“不是”，又有人说：“那一定是柯震东了。”不一定哦！柯俊雄也是一种可能，因为还没有问过“他还在世吗”这个问题。

第 7 堂

凡事都有例外

同样的数据，用不同的解读方法，就能得到不同的结果。而聪明人总是想得比别人多一种。

帕隆多悖论

20 世纪的爱尔兰大文豪萧伯纳（George Bernard Shaw），才华卓绝、幽默机智，是上流社交圈里极受欢迎的人物。有一次，一位漂亮的舞蹈女明星在酒会上遇到他，对他说："先生，我们两个真是天造地设的一对，如果我们结了婚，生下来的小孩有我的容貌、您的脑袋，那不真是了不起吗？"萧伯纳回答说："假如生下来的小孩有我的容貌，加上您的脑袋，那又怎么办呢？"萧伯纳长了一大把胡子，尊容的确是不敢恭维的。

这个笑话可以引申出一些充满哲学思辨意味的问题：好加上好一定大好吗，还是可能大坏？类似地，聪明加上权力究竟会造就国家栋梁，还是狡猾的政客？丰衣足食会激发人的感恩和奋斗之心，还是会导致人的懒惰和守旧？

中医里历来有"以毒攻毒"的疗法，也就是说，毒加上毒，两者互相抵消，变成无毒，病也就好了。举个例子，麻雀会啄食田里的谷物，昆虫也会噬食田里的谷物，但是有了麻雀和昆虫，谷物收成反而会更好，因为麻雀会吃掉昆虫。

有个小朋友上学迟到了，老师问迟到的原因，小朋友说："今天下大雪，路面滑得很，上学的路上，往前走两步就退三步。”老师很好奇：“那你怎么走到学校来的呢？”小朋友说：“我是倒着走过来的。”这也就是“以退为进”。有首诗说：“手把青秧插满田，低头便见水中天，六根清净方为道，退步原来是向前。”

不过，英文里有“Two wrongs do not make a right”这句话，意思是一个错误不能抵消另一个错误，错上加错就是大错特错。你打我一拳，我再踢你一脚，我俩怎么成为好朋友？老板批评小职员滥报差旅费，违反公司规定，小职员回答说：“公司每次都漏报营业税啊！”这都是错误使用“错上加错等于没有错”的例子。下面，让我们回到数学问题上吧。

在博弈论中，有个悖论被称为帕隆多悖论（Parrondo's paradox），它说的是将两个失败的策略结合，能产生一个获胜的策略。帕隆多（Juan M. R. Parrondo）是西班牙物理学家，他在1996年发现了这个有趣的悖论。

如今“悖论”这个词有点被滥用了，让我趁此机会澄清一下它的含义。广义上讲，悖论指按照已定的规则和程序，推导出一个看似正确、实则错误，或者实际上正确却出人意料的结论，原因可能是规则有问题、程序设计有问题或者我们的预期判断不准，等等。帕隆多悖论，指的是某一结果在数学原理上正确，但人们没有预料到。笼统一点说，有两个博弈游戏A和B，玩游戏A，最终肯定输；玩游戏B，最终也肯定输。但是，如果把游戏A和游戏B混合起来玩，最终肯定赢。比如，有两张赌桌，玩两种不同的博弈游戏，在第一张赌桌，如果一口气用掉全部的筹码，结果肯定是输掉全部的赌金；在第二张赌桌，也是如此。但是，如果在第一张赌桌玩几把，再到第二张赌桌玩几把，然后再回到第一张赌桌玩几把，这样来来回回，就可能稳赢不输，听起来似乎不可思议。但是，我要强调一下，帕隆多先生并没有说，任何两个稳输的游戏都可以混合起来玩，从而变成一个稳赢的游戏，他只是举例说明存在这个可能性。

我们还是用数字来说话吧。假设有一场赌局，赌注都是 1 元。游戏 A 的规则是，你每次下注都稳输不赢，如果你有 100 元，每次输 1 元，直到一文不名；游戏 B 的游戏规则是，你每次下注的结果和手上的资金总额有关，如果你手上的资金总数是一个奇数，你赢 3 元；是一个偶数，你输 5 元，最后，如果你手上剩下 4 元，是偶数，你输不起 5 元，那么你就出局了。

举例说明一下游戏 B。刚开始的时候，你手上的资金是 100 元，100 是偶数，你输掉 5 元；剩下 95 元，95 是奇数，你赢 3 元；剩下 98 元，98 是偶数，你又输掉 5 元，剩下来就是 93 元……把结果写下来，就是 100、95、98、93、96、91、94、…、5、8、3、6、1、4，你就出局了。

再举个例子，假设刚开始的时候，你手上的资金是 99 元，99 是奇数，你赢了 3 元；剩下 102 元，102 是偶数，你输掉 5 元；剩下 97 元，97 是奇数，你赢了 3 元……把结果写下来，就是 99、102、97、100、95、…、5、8、3、6、1、4，你又出局了。

很明显，游戏 A 和游戏 B 都是稳输不赢的游戏，但是，让我们改变一下策略。假设手中有 100 元，先玩游戏 A，输 1 元，剩下 99 元；转过来玩游戏 B，99 是奇数，赢 3 元，剩下 102 元；再转过来玩游戏 A，输 1 元，剩下 101 元；又转过来玩游戏 B，101 是奇数，赢 3 元，剩下 104 元……如果手中有 99 元，那先玩游戏 B，99 是奇数，赢 3 元，剩下 102 元；转过来玩游戏 A，输 1 元，剩下来 101 元；再转过来玩游戏 B，101 是奇数，又赢 3 元……

这样一来，我们便可看出端倪了，如果一开始的时候，手上资金的总数是偶数，就用 ABAB 的顺序去玩；如果手上资金的总数是奇数，就用 BABA 的顺序去玩。这样，每两次下来，都净赢 2 元。这就是帕隆多悖论的基本观念！

实际生活中有很多例子与帕隆多悖论有关。例如，游戏 A 是个稳输的游戏，但是游戏 B 却有赢的机会，那么，我们要用游戏 A 的结果来影响游戏 B 的结果，从而得到最后的胜利。下棋时，牺牲一颗棋子，以换取较好的全面局势。打棒球时，有一种打法叫“牺牲打”，牺牲一个打击手上垒的机会，从而换取别的球员进垒的可能。在机械工程里，一个齿轮可能正向或者逆向旋转，但是加上一个棘轮，则可以限制齿轮，使它只能正向旋转。在不同的领域，包括信号处理、控制系统、基因遗传、市场经济、股市投资……我们都可以借鉴帕隆多悖论，获得一些出乎意料的结果。

接下来，我们用比较精确的数学语言来描述两个有关帕隆多悖论的例子。第一个是帕隆多先生原来提出的博弈游戏，游戏 A，赌注是 1 元，赢的概率是$\frac{1}{2}$，输的概率也是$\frac{1}{2}$，这是一个公平的游戏。换句话说，玩了 N 次之后，赢到 N 元的概率和输掉 N 元的概率是相等的。但是，如果赢的概率变成 0.495，输的概率变成 0.505，游戏 A 就变成一个不公平的、对赌客不利的游戏。赌客玩了 N 次后，赢到 N 元的概率远小于输掉 N 元的概率，一直玩下去的话，最终的结局是破产。在概率论中，这叫作“赌客的破产”（Gamber's ruin），我们就叫这个游戏为 A′。

游戏 B，赌注也是 1 元，但是每次下注有两个不同的选择：如果赌客手上资金的总额是 3 的倍数，例如 3、6、9……那么赢的概率是 0.1，输的概率是 0.9；如果赌客手上资金总额不是 3 的倍数，例如 1、2、4、5、7、8……那么赢的概率是 0.75，输的概率是 0.25。这个游戏听起来有点特别，它的要点在于，它大致上来说是公平的。为什么加上“大致上来说”这个形容呢？因为赌了 N 次之后，赢得 N 元和输掉 N 元的概率，和一开始时手上的资金总额有关，但是经由模拟的结果，我们知道赢得 N 元和输掉 N 元的概率大致相同。不过，绝对公平并不是重点，重点是如果把赢的概率减小一点点，比如说从 0.1 变成 0.095；或者把输的概率增加一点点，从 0.9 变成 0.905，那么，按照模拟的结果，这个游戏就变成一个不公平的、对赌客不利的游戏。换句话说，玩了 N 次之后，赢得 N 元的概率远小于输掉 N 元的概率，一直玩下去，最终的结局也是破产，我们就叫这个游戏为 B′。

按照模拟的结果，A′和 B′都是不公平的、对赌客不利的游戏，如果赌客一直玩 A′或者一直玩 B′，最终一定会破产。但是，如果赌客在两个游戏之间跳来跳去，比如按照 A′A′B′B′A′A′B′B′……的顺序玩，或者按照 A′A′A′B′B′A′A′A′B′B′……的顺序玩，又或者按照 A′A′A′A′B′B′B′B′A′A′A′A′B′B′B′B′……这样的顺序玩，甚至随机地选择 A′和 B′，按照模拟的结果，游戏最终都会变成对赌客有利的游戏，玩得愈久，赢得愈多。

我们可以比较直观地看出这背后的道理，游戏B′本身是个稳输的游戏，但是如果我们有办法调整手上资金总数的变化，可以增加游戏B′赢的概率，在这里，游戏A′就扮演着这一个角色，至于选择0.495和0.505作为游戏A′，0.095和0.905、0.745和0.255作为游戏B′赢和输的概率，选3作为手上资金总数的除数，都不是唯一的选择。不过这些数字要配合起来，让A′和B′本身都是对赌客不利的游戏，但是混合起来就变成一个对赌客有利的游戏。

我们来看另一个例子。游戏A：掷一个铜板A_1，赢的概率是0.45，输的概率是0.55，很明显，对赌客不利，一直赌下去，一定会破产。游戏B：有两个铜板B_1和B_2，掷铜板B_1赢的概率是0.6，输的概率是0.4；掷铜板B_2赢的概率是0.3，输的概率是0.7，至于掷哪一个铜板，由上一次掷铜板的结果来决定，如果上一次掷的结果是赢，接下来掷B_1；如果上一次掷的结果是输，接下来掷B_2。换句话说，游戏B开始的时候掷B_1，如果掷B_1的结果是赢，继续掷B_1，如果是输，转过来掷B_2；如果掷B_2的结果是赢，改过来掷B_1，如果是输的话继续掷B_2。

那么，游戏B是一个对赌客有利还是不利的游戏呢？答案是对赌客不利，一直玩下去，赢的概率是$\frac{3}{7}$，输的概率是$\frac{4}{7}$。这是一个“马尔可夫过程”（Markov process），它有两个状态——赢和输，它们的“稳态概率”（steady-state probability）

分别是$\frac{3}{7}$、$\frac{4}{7}$。①

但是，我们把游戏 A 和游戏 B 混合起来玩，在游戏 A 里掷铜板 A_1，如果结果是输的话，留在游戏 A 里，继续掷铜板 A_1；如果是赢的话，跳到游戏 B。在游戏 B 里，因为上一次掷的结果是赢，所以掷铜板 B_1，如果掷 B_1 的结果是赢，留在游戏 B 里，也因此继续掷 B_1；如果是输的话，跳到游戏 A，掷铜板 A_1。细心的读者会看出来，把游戏 A 和 B 这样混合起来玩，等于一直在玩游戏 B，只不过用铜板 A_1 取代了铜板 B_2，这也是一个“马尔可夫过程”，赢和输的稳态概率分别是$\frac{9}{17}$、$\frac{8}{17}$，对赌客有利。②

这两个例子告诉我们：A 和 B 两个游戏单独玩，都是输的

---

① 用 π_1、π_2 代表赢和输两个状态的稳态概率。

则 $(\pi_1\ \pi_2)\begin{pmatrix}0.6 & 0.4\\0.3 & 0.7\end{pmatrix}=(\pi_1\ \pi_2)$，

即 $\begin{cases}0.6\pi_1+0.3\pi_2=\pi_1,\\0.4\pi_1+0.7\pi_2=\pi_2,\end{cases}$

且 $\pi_1+\pi_2=1$，

解得 $\pi_1=\frac{3}{7}$，$\pi_2=\frac{4}{7}$。

② 用 π_1、π_2 代表赢和输两个状态的稳态概率。

则 $(\pi_1\ \pi_2)\begin{pmatrix}0.6 & 0.4\\0.45 & 0.55\end{pmatrix}=(\pi_1\ \pi_2)$，

即 $\begin{cases}0.6\pi_1+0.45\pi_2=\pi_1,\\0.4\pi_1+0.55\pi_2=\pi_2,\end{cases}$

且 $\pi_1+\pi_2=1$，

解得 $\pi_1=\frac{9}{17}$，$\pi_2=\frac{8}{17}$。

游戏，但是把它们联结起来，却可以成为一个赢的游戏。联结就是让两个游戏相互影响。怎样把两个游戏联结起来呢？第一个例子里，是用手上的资金总数来联结，第二个例子里，是用输赢的历史结果来联结。希望这两个例子开了个头，引领有兴趣的读者再深入探讨帕隆多悖论。

《道德经》里讲："祸兮福之所倚，福兮祸之所伏。"大家也听过出自《淮南子·人间训》的"塞翁失马"的故事，有一个居住在边塞的老翁，他家里的一匹马跑掉了，邻居朋友过来安慰他，他说："这难道不可能变成好事吗？"过了一阵子，这匹马竟然带领着一群马回来，邻居朋友过来祝贺他，他说："这难道不可能变成坏事吗？"果然，因为家里养了几匹好马，他的儿子在外面骑马，把大腿摔断了，邻居朋友过来安慰他，他说："这难道不可能变成好事吗？"又过了一阵子，战争爆发了，年轻的壮丁都被征召去打仗，伤亡惨重，可是老翁的儿子因为腿摔断了，没有被征召去打仗，因而保全了性命。

辛普森悖例[①]

我们很小就学会了 1 + 1 = 2，并认为它完全正确，但是古希腊哲学家亚里士多德却说："总体大于它所有部分的和。"用数学语言表述，就是 1 + 1 > 2。上一节我们讲到博弈理论里的帕隆多悖论：两个稳输的博弈游戏，可以合起来玩，变成一个稳赢的博弈游戏，用数学语言表述，就是(−1) + (−1) = 1。在此，讲一个统计学里的悖论，叫作"辛普森悖例"。我们都知道 1 < 2 和 3 < 4，因此，1 + 3 < 2 + 4，但是辛普森悖例却给出了违反这种关系的例子。

辛普森（Edward Simpson）是英国统计学家，他在 1951 年发表的一篇论文里指出了这些悖例（在他以前，也有统计学家有同样的观察）。辛普森悖例出现在许多真实的状况里，比如，美国加州大学伯克利分校曾经被指控性别歧视，有人认为研究所招生时有歧视女性的嫌疑，根据该校 1973 年的数据，8442 个男生申请入学，44% 被录取；4321 个女生申请入学，35% 被录取。9% 是相当大的差异，这个结果无法用"偶然"

① Simpson's Paradox，"Paradox"一般译为悖论，但是这里我译为悖例，因为辛普森发现的是在数学上正确却出人意料的例子。

来解释。但是，学校当局收集了各系招生的数据，发现在六个最大的系里头，其中四个系男生录取率低于女生录取率，具体是62%对82%、60%对65%、33%对35%、6%对7%；另外两个系男生录取率高于女生录取率，具体是37%对34%、28%对24%，如表7-1。这怎么解释呢？这就是一个辛普森悖例的例子。

表7-1　1973年美国加州大学伯克利分校前六大科系录取性别比较

科系	男性			女性		
	录取人数	申请人数	录取率	录取人数	申请人数	录取率
A	512	825	62%	89	108	82%
B	313	520	60%	17	25	65%
C	120	325	37%	202	593	34%
D	138	417	33%	131	375	35%
E	53	191	28%	94	393	24%
F	22	373	6%	24	341	7%

我用一个简化的例子详细说明一下。假设一个学院有两个系——历史系和地理系，他们录取研究生的数据如表7-2：

表7-2　某学院历史系和地理系研究生录取性别比较

科系	男性			女性		
	录取人数	申请人数	录取率	录取人数	申请人数	录取率
历史系	1	5	20%	2	8	25%
地理系	6	8	75%	4	5	80%
总和	7	13	53.8%	6	13	46.2%

为什么两个系录取的百分比都是女生高于男生，而总体招生合起来的百分比却是女生低于男生呢？首先，在申请的总人数里，历史系和地理系各 13 人，男生和女生也各 13 人，分布很均匀（有人说申请的人数太少，结果被录取的男女差额只有一个而已，但如果我们把每个数字乘以 100，差额就变成 100 人了）。

其实这背后的数学原理很简单，假设有 a、b、c、d、x、y、u、v 这些数字，如果$\frac{a}{b}<\frac{x}{y}$，$\frac{c}{d}<\frac{u}{v}$，但是$\frac{a+c}{b+d}$可能小于或大于$\frac{x+u}{y+v}$。在这个例子里：

历史系

$$男生:a=1,b=5,\frac{a}{b}=20\%$$

$$女生:x=2,y=8,\frac{x}{y}=25\%$$

$$结果:\frac{a}{b}<\frac{x}{y}$$

地理系

$$男生:c=6,d=8,\frac{c}{d}=75\%$$

$$女生:u=4,v=5,\frac{u}{v}=80\%$$

$$结果:\frac{c}{d}<\frac{u}{v}$$

总体而言

$$男生录取率:\frac{a+c}{b+d}=\frac{7}{13}\approx 53.8\%$$

$$女生录取率：\frac{x+u}{y+v}=\frac{6}{13}\approx46.2\%$$

$$结果：\frac{a+c}{b+d}>\frac{x+u}{y+v}$$

所以，男生的总录取率高于女生的总录取率，这就是辛普森悖例，也叫作“辛普森逆转”（Simpson’s reversal）。

辛普森悖例为什么会发生呢？从这个例子来看，两个组的录取率相差很大，但是两种性别的申请者分布比例却相反。例如，历史系的男女录取比例是20%对25%，地理系的男女录取比例是75%对80%，虽然都是女高于男，但地理系的录取率高于历史系；而历史系的男女申请人数比是5∶8，地理系的申请人数男女比是8∶5。于是，我们可以发现，地理系有较高的录取率，且男生申请人数较多，这就使得男生的总录取率高于女生的总录取率。当地理系的男性申请人数大幅增加，或历史系的女性申请人数大幅增加时，都会拉大辛普森逆转发生时两组录取率的差距。

那么，在什么样的情况下，也即数据如何分布时，辛普森逆转才会发生？又如何避免它的发生呢？

通过观察，我们发现了这个案例中的一个重要信息：历史系比地理系难进。进入历史系的概率是$\frac{3}{13}$，约为23%；进入地理系的概率是$\frac{10}{13}$，约为77%。但是，申请进历史系的女生比男生多，申请进地理系的女生比男生少，所以，女生申请成功的概率就降低了。

如果我们把上例中的数字调整一下，辛普森逆转的差额会变得更大，如表 7－3。

表 7－3　数字调整后的录取性别比较

科系	男性			女性		
	录取人数	申请人数	录取率	录取人数	申请人数	录取率
历史系	1	5	20%	4	16	25%
地理系	12	16	75%	4	5	80%
总和	13	21	61.9%	8	21	38.1%

但是，如果我们把数字做如下调整，使得申请进历史系的女生比男生少，而申请进地理系的女生比男生多，辛普森的逆转就不会发生了，如表 7－4。

表 7－4　数字再次调整后的录取性别比较

科系	男性			女性		
	录取人数	申请人数	录取率	录取人数	申请人数	录取率
历史系	2	10	20%	1	4	25%
地理系	3	4	75%	8	10	80%
总和	5	14	35.7%	9	14	64.3%

辛普森悖例在很多不同的场景里都会出现。例如，在棒球运动里，一个击球手的打击率等于安打次数除以打击总数。有人比较了 1995 年、1996 年、1997 年这三年美国职业棒球大联盟两个有名的击球手德瑞克·山德森·基特（Derek Sanderson Jeter）和大卫·贾斯蒂斯（David Justice）的打击率。每一年，贾斯蒂斯的打击率都比基特的打击率高，但是把他们三年里的

总安打数除以打击总数，贾斯蒂斯的打击率却比基特的打击率要低。我们可以推测，这是因为基特的打击总数比贾斯蒂斯多，三年内基特的总安打次数也比贾斯蒂斯多，因此最后基特的打击率高于贾斯蒂斯的。

表 7－5　1995、1996、1997 年两位棒球选手的打击率比较

	贾斯蒂斯	基特
1995 年	0.253	0.250
1996 年	0.321	0.314
1997 年	0.329	0.291
总打击率	0.298	0.300

2009 年和 1983 年，美国都经历过相当严重的经济衰退，美国劳工部统计了 2009 年第三季度 25 岁以上成年人的失业率，与 1983 年第一季度的数据进行比较，发现这样一个现象，教育程度在高中以下的人的失业率，以及教育程度在大学以上的人的失业率，1983 年第一季度都低于 2009 年第三季度。但是，就整体失业率而言，1983 第一季度却高于 2009 年第三季度。

表 7－6　1983 年第一季度和 2009 年第三季度
美国 25 岁以上成人失业率比较

失业率	1983 年第一季度	2009 年第三季度
教育程度在高中以下	13.6%	14.9%
教育程度在大学以上	3.6%	4.9%
总　和	8.5%	8.2%

服药，不服药？大哉问

接下来再看一个例子，它比较有趣，但也比较复杂。科学家研发出了一种治疗某疾病的新药，临床试验数据如表 7－7：

表 7－7　某种新药的临床试验数据

	男性			女性			总和		
	康复	未康复	康复率	康复	未康复	康复率	康复	未康复	康复率
服药	18	12	60%	2	8	20%	20	20	50%
未服药	7	3	70%	9	21	30%	16	24	40%

从男性来看，未服药的人比服了药的人康复比例高，因此，男性最好不要服用新药；从女性来看，未服药的人比服了药的人康复比例高，因此，女性最好也不要服用这种新药。但是问题来了，在整体比例上，因服药而康复的人数比例比未服药而康复的人数比例高，因此结论又变成应该服用这种新药，这就是辛普森逆转的一个例子。

按照这个结果的话，如果医师知道病患是男性，就不该让他服用这种新药；如果医师知道病患是女性，也不能让她服用这种新药。可是，如果医师不知道病患的性别，就应该让病患服用这种新药——这明显是非常荒谬的说法，医师怎么可能不知道病患的性别？更何况，病患如果不是男性，就是女性，所以，无论男女，他们都不该服用这种新药。这不但是一个数学问题、医学问题，甚至变成了逻辑问题。

再讲另一个例子，图书馆添购了80本新书，包括40本小说和40本漫画，分给80个学生看。一段时间后，统计了一下阅读情况。

有40本书变得破破烂烂，就这40本书而言，喜欢漫画的人数多于小说，统计如表7-8：

表7-8 变得破破烂烂的书的喜欢情况比较

变得破破烂烂的书	小说	漫画
学生表示喜欢	18	7
学生表示不喜欢	12	3
喜欢率	60%	70%

有40本几乎崭新，就这40本书而言，喜欢漫画的人数也多于小说，统计如表7-9：

表7-9 崭新的书的喜欢情况比较

崭新的书	小说	漫画
学生表示喜欢	2	9
学生表示不喜欢	8	21
喜欢率	20%	30%

换句话说，这两组数据都显示，漫画比较受欢迎。但是，

如果把这些数据加起来，小说的喜欢率却高于漫画，所以结论变成小说比较受欢迎，统计如表 7 - 10：

表 7 - 10　总体喜欢情况比较

	小说	漫画
学生表示喜欢	20	16
学生表示不喜欢	20	24
喜欢率	50%	40%

对图书馆馆长来说，如果他要再买一批新书，应该买漫画，还是买小说？换句话说，他应该相信总体数据的结果，还是相信分组调查的结果？我相信，许多读者都会按照总体数据来下结论，认为学生们更喜欢看小说。

讲到这里，大家可以发现，数据是固定的，但解读方法不同，就会得出不同的结论。这印证了一句老话：从数据（data）到信息（information）到智能（intelligence）到智慧（wisdom），是逐个层次的进阶和深入，不但不能一蹴而就，不同层次之间也有无法跨越的鸿沟。特别要提一下的是，如今到处都在谈“大数据”，我们必须说，数据是有用的，但是怎样使用数据，不是简单的事。

半个世纪以来，辛普森悖例引发了统计学甚至逻辑学和哲学方面的许多讨论，在此就不深入讨论了。总结一下上述案例：把一组数据分割成若干小组数据，根据若干小组的数据分析所得的结论，和根据整体数据分析所得的结论，可能是不同的。于是，一个问题就出现了，整体分析的结果比较有意义，还是分组分析的结果比较有意义？

回到历史系和地理系招生的案例，我们用四种方法解读一下相同的数据：

第一，26个学生申请，13个被录取，所以录取率是50%。

第二，26个学生申请，13个申请历史系，3个被录取，历史系的录取率约为23%；13个申请地理系，10个被录取，地理系的录取率约为77%。所以历史系比较难进入。

第三，26个学生申请，7个男生被录取，6个女生被录取，所以女生的录取率比较低。

第四，26个学生中，13个学生（5男8女）申请历史系、13个学生（8男5女）申请地理系。历史系的男生录取率是20%，女生录取率是25%；地理系的男生录取率是75%，女生录取率是80%。所以这两个系的女生录取率都比男生录取率高。

也就是说，同样的一组数据，从不同的角度来看、来做解释，会有不同的结论。如：历史系比较难进，女生比较喜欢读历史系，历史系和地理系都比较喜欢录取女生等。

接下来看服药和不服药的例子，原始的资料是：有80个病患，40人服用了这种新药，20人康复了，20人没有康复，所以康复率是50%；40人未服用这种新药，16人康复了，24人没有康复，所以康复率是40%。所以，结论是服用这种新药的康复率比较高，换句话说，如果我们不考虑病患的性别，答案很明确。因此，我们必须听取医学专家的专业意见，如果这种新药的治疗效果与性别无关，这个结论就值得信任。

反过来，如果药效与性别有关，则临床试验应该这样设计：有 40 个男性病患，20 个服用新药，20 个不服用新药；40 个女性病患，20 个服用新药，20 个不服用新药。按照男性分组和女性分组，分别判断这种新药对男性病患和女性病患的疗效。这个例子指出，无关宏旨的因子，反而会带来没有意义的结果。

一个论点是：要比较深入地讨论辛普森悖例，就必须了解不同因子之间的因果关系，在这个例子里，药物的使用与否是因，康复与否是果。但是，如果我们把性别不同视作因，把药物的使用与否或者康复与否视作果，就变成一个较为复杂的问题了。

同样，在图书馆的例子里，书本的内容是因，读者喜爱与否是果。但如果把书的内容视作因，或把读者的喜好视作因，把书被看得破破烂烂视作果，则又是另一个复杂的问题了。

数据相同，解读方法不同，结论不同

在丹尼尔·卡尼曼（Daniel Kahneman）的书《思考，快与慢》里有个有趣的例子。某天晚上，有一辆出租车肇事逃逸，村里有两家出租车行——蓝车行（只有蓝车）和绿车行（只有绿车），需要判断该肇事逃逸车辆属于哪一个车行。

有人提供了两项数据：第一，城市里 85% 的车是绿车，15% 的车是蓝车。第二，有一个目击证人说，肇事的车是蓝车，但是他看对颜色的概率是 80%，看错颜色的概率是 20%。请问肇事的车是蓝车的概率是多少？许多人会说，第一项资料和肇事的是不是蓝车没有关系，所以就采用第二项数据，并断定肇事车是蓝车的概率是 80%。

同时，又有人提供了另外两项数据：第一，两家出租车行的车辆总数是一样的，但是按照历史肇事记录，绿车行肇事率为 85%。第二，有一个目击证人说，肇事的车是蓝车，但是他看对颜色的概率是 80%，看错颜色的概率是 20%。这两项数据都和肇事的车是不是蓝车有关系，我们可以根据概率论里的贝叶斯定理（Bayes' theorem）算出结果。

其实，这两个人提出来的第一项资料是相同的，都和肇事的车是不是蓝车有关系，都在说肇事车是蓝车的概率是 15%。按照贝叶斯定理，可以算出正确答案：肇事的车是蓝车的概率是 41%[①]，远小于目击证人看对颜色的概率。

---

① p（肇事的车为蓝车｜被目击的车是蓝车）

$$=\frac{p(\text{被目击的车是蓝车}\mid\text{肇事的车是蓝车})\cdot p(\text{肇事的车是蓝车})}{p(\text{被目击的车是蓝车})}。$$

因为 p(被目击的车是蓝车｜肇事的车是蓝车）$=80\%$，

p(肇事的车是蓝车）$=15\%$，

p(被目击的车是蓝车）$=80\%\times15\%+20\%\times85\%=29\%$，

因此肇事的车是蓝车的概率 $p=\frac{80\%\times15\%}{29\%}\approx41\%$。